主编　　中国建设监理协会

中国建设监理与咨询

39

2021 / 2
总第39期

CHINA CONSTRUCTION
MANAGEMENT and CONSULTING

U0178122

中国建筑工业出版社

图书在版编目（CIP）数据

中国建设监理与咨询 = CHINA CONSTRUCTION
MANAGEMENT and CONSULTING. 39 / 中国建设监理协会主
编.—北京： 中国建筑工业出版社, 2021.8
ISBN 978-7-112-26406-3

Ⅰ.①中…　Ⅱ.①中…　Ⅲ.①建筑工程—监理工作—
研究—中国　Ⅳ.①TU712

中国版本图书馆CIP数据核字（2021）第148802号

责任编辑：费海玲
文字编辑：焦　阳　汪箫仪
责任校对：王　烨

中国建设监理与咨询　39
CHINA CONSTRUCTION MANAGEMENT and CONSULTING

主编　中国建设监理协会

*

中国建筑工业出版社出版、发行（北京海淀三里河路9号）
各地新华书店、建筑书店经销
北京雅盈中佳图文设计公司制版
天津图文方嘉印刷有限公司印刷

*

开本：880毫米×1230毫米　1/16　印张：$7^1/_2$　字数：300千字
2021年8月第一版　2021年8月第一次印刷
定价：**35.00元**
ISBN 978-7-112-26406-3
　　　　（37956）

CHINA CONSTRUCTION MANAGEMENT and CONSULTING

39
2021 / 2
总第39期

中国建设监理与咨询

目录 CONTENTS

■ 行业动态

■ 政策法规消息

■ 本期焦点：中国建设监理协会六届三次会员代表大会暨六届四次理事会在郑州顺利召开

■ 监理论坛

■ 项目管理与咨询

■ 创新与研究

■ 百家争鸣

全国建设监理协会秘书长工作会议在郑州成功召开

2021 年 3 月 18 日，全国建设监理协会秘书长工作会议在河南省郑州市召开。中国建设监理协会会长王早生，副会长兼秘书长王学军，副会长李伟、商科、麻京生，副秘书长温健、王月到会。河南省建设监理协会会长孙惠民到会并致辞，各地方建设监理协会、有关行业建设监理专业委员会及分会会长、秘书长等 60 余人参加了会议。会议由温健副秘书长主持。

北京市建设监理协会会长李伟、上海市建设工程咨询行业协会秘书长徐逢治、山东省建设监理与咨询协会秘书长陈文介绍了他们在推进诚信建设、规范会员行为、维护市场秩序、加强标准化建设、提升会员服务质量、发挥桥梁和纽带作用等方面的做法和经验。

会上通报了《中国建设监理协会 2021 年工作要点》和《中国建设监理协会分片区业务培训管理办法》，对协会个人会员管理系统网上缴费及自动开票功能进行了说明。

协会副会长兼秘书长王学军通报了协会 2021 年具体工作安排，希望地方和行业协会共同努力完成年度工作部署，为推动监理行业高质量发展和提升行业形象共同努力，为祖国的工程建设做出监理人应有的贡献。

"业主方委托监理工作规程"课题研讨会在郑州召开

2021 年 3 月 17 日，中国建设监理协会在郑州组织召开"业主方委托监理工作规程"课题研讨。住房和城乡建设部建筑市场监管司建设咨询监理处处长贾朝杰，中国建设监理协会副会长兼秘书长王学军，中国建设监理协会专家委员会常务副主任刘伊生、杨卫东，中国建设监理协会副秘书长温健，课题组组长广东省建设监理协会会长孙成出席会议。部分行业专家参加研讨会，会议由课题组组长孙成主持。

住房城乡建设部建筑市场监管司建设咨询监理处贾朝杰处长介绍了目前开展全过程工程咨询和政府购买监理巡查服务试点的有关情况，并希望监理行业能够结合"十四五"规划和自身发展现状不断改革和创新。提出该课题研究的主要目的是促使业主依法合规委托监理，同时也能规范监理企业和从业人员履职，促进监理不断提升服务质量。

会上，中国建设监理协会专家委员会常务副主任刘伊生介绍了目前监理行业面临的挑战和危机，提出该课题研究对落实主体责任、规范业主和监理的行为意义重大，有利于行业的健康发展。同时，也对课题的具体内容提出了意见和建议。中国建设监理协会专家委员会常务副主任杨卫东提出，通过调查研究，梳理业主、监理等责任主体之间的责权利，客观地分析存在的问题，归纳业主和监理该做的工作和如何有效地开展工作。其他各参会行业专家对课题的内容进行探讨，并提出意见和建议。

最后，中国建设监理协会副会长兼秘书长王学军做会议总结。他强调，要高度重视此项课题研究，规范业主委托监理行为，兼顾业主和监理的权利和义务，通过此项课题研究，争取达到规范业主委托监理行为，提高监理服务质量，保障监理合法权益的目的。

中国建设监理协会党支部组织召开党史学习教育动员部署会

为落实中央和国家机关行业协会商会党委的有关部署和要求，2021年4月6日，中国建设监理协会党支部组织召开党史学习教育动员部署会。协会党支部书记王早生高度重视，协会全体在职党员、秘书处工作人员参加会议，会议由王早生书记主持。

会议传达了中央和国家机关行业协会、商会2021年党建工作会暨党史学习教育培训班的精神，全体党员要以高度的政治自觉迅速行动起来，紧密联系实际，高度认识党史学习教育的重要意义，提高政治站位，强化党建工作的标准化、规范化建设。同时，对2021年中央和国家机关行业协会、商会党的建设工作要点进行解读。

王早生书记通过会议和党史学习教育培训，结合自身实际，在会议上作"坚定理想信念 做好党建工作 促进行业发展"的主题党课。他指出，今年是建党100周年，按照统一部署，党支部要开展为期一年的学习党史教育活动，既要学习正面经验，也要吸取反面教训。在党史学习教育中做到学史明理、学史增信、学史崇德、学史力行，不断提高政治判断力、政治领悟力和政治执行力。学习老一辈革命家坚定的理想信念、不屈不挠的斗争精神和攻坚克难的不懈追求，在百年未有之大变局的新时代，加强协会党建工作，做好本职工作，促进行业发展，为实现中华民族的伟大复兴做出自己的贡献。

中国建设监理协会会长王早生来闽调研

2021年3月1—2日，中国建设监理协会会长王早生来闽实地考察调研福建监理行业的发展情况，认真听取企业建议和意见，对调研企业的发展提出殷切期望。福建省工程监理与项目管理协会会长林俊敏，常务副会长饶舜、缪存旭，副会长兼秘书长江如树，监事长刘立等陪同调研。

调研中，王早生会长一行走访了合诚工程咨询集团股份有限公司、厦门兴海湾工程管理有限公司、厦门高诚信工程技术有限公司和厦门协诚工程管理咨询有限公司。

其中，作为福建省第一家以监理为主业的上市企业，合诚工程咨询集团股份有限公司深耕监理行业多年，承接了多项国家重点项目，业务遍及全国多个省市，是我国海峡西岸经济区建设工程咨询监理龙头企业。得知该企业是国内第一家以监理为主的上市企业，王早生会长予以赞赏，希望企业要更好地发挥引领作用，积极拓展业务，协同行业向好发展。

调研走访厦门兴海湾工程管理有限公司、厦门高诚信工程技术有限公司和厦门协诚工程管理咨询有限公司时，王早生会长在认真听取汇报后，充分肯定了各公司近年来在转型升级、创新发展中开展的工作，在技术创新、管理创新的探索与实践，并要求监理企业增强自身实力，不断提升服务水平和服务能力，不断增强企业核心竞争力，促进工程监理行业持续健康发展。鼓励企业从自身出发提升企业核心竞争力，通过并购重组等多种方式实现资源整合；鼓励有条件的企业要适应"十四五"规划的要求。

王早生会长结束调研后，对于福建省监理行业未来的发展，还提出了几点希望：一是各公司转型升级、创新发展要在补短板、强弱项、扩规模、树正气上下功夫；二是要加大技术和管理创新，增强技术、管理服务科技含量；三是要加强人才培养，创新人才培养方式，为企业持续健康发展提供人才支撑，把公司做强做大，做行业领头雁，为监理事业的高质量发展做出新的贡献！

（福建省工程监理与项目管理协会　供稿）

中国建设监理协会"业主方委托监理工作规程"课题开题会议在广州顺利召开

2021年4月8日，中国建设监理协会"业主方委托监理工作规程"（以下简称"规程"）课题开题会议在广州顺利召开。中国建设监理协会副会长兼秘书长王学军、副秘书长温健出席会议，课题组组长、广东省建设监理协会会长孙成及课题组成员共14人参加了会议。会议由课题组组长孙成主持。

会上，中国建设监理协会副秘书长温健传达该课题的编制背景及要求。他指出，根据住房和城乡建设部有关落实工程建设五方责任主体，业主负首要责任的精神，通过梳理业主委托监理工作的法理依据、流程及行为准则，力图解决业主授权不充分、责权不一致等问题，促使业主依法合规委托监理，同时也能规范监理企业和从业人员履行职责，从而促进行业高质量发展。

课题组组长孙成简要介绍了课题启动前期的工作部署情况。他表示，为了厘清编制思路和编制大纲，已组织召开四次会议进行研讨，通过广泛听取业界意见和建议，统一思想，明确编制原则。课题组副组长张原和蒋晓东也分别介绍了规程框架大纲的具体内容和调研工作思路。与会专家对课题进行研讨，并就规程的框架大纲、分工安排等事宜达成共识。

最后，中国建设监理协会副会长兼秘书长王学军做会议总结。他强调，该课题是中国建设监理协会受住房和城乡建设部委托开展的课题研究工作，课题组专家应高度重视，并站在政府角度，完善对市场主体行为的管理，以规范业主行为为目标，以相关法规政策为依据，以工程实施程序为主线，以明确工作内容为核心，严谨客观地进行课题研究。在此基础上，通过强化业主方法律意识和责任意识，进一步发挥监理的作用，保障监理合法权益，为行业的健康发展营造良好的市场环境。

"巾帼不让须眉 创新发展争先"女企业家座谈会在南昌顺利召开

2021年4月22日，由中国建设监理协会主办，江西省建设监理协会协办，江西恒实建设管理股份有限公司承办的首届女企业家座谈会在江西南昌顺利召开，本届会议的主题是"巾帼不让须眉 创新发展争先"，来自全国16个省市的30余名女企业家参加会议。江西省住房和城乡建设厅建筑监管处二级调研员向恭水、江西省建设监理协会会长谢震灵出席会议并致辞，中国建设监理协会会长王早生出席会议并做主题讲话。会议由江西恒实建设管理股份有限公司党委书记殷春平主持。

中国建设监理协会会长王早生做"以高质量为目标推动监理行业转型升级创新发展"的主题讲话。强调要实现监理行业的高质量发展，企业必须做强做优做大："补短板、扩规模、强基础、树正气"，不断提高服务的专业化水平和多元化能力，增强企业核心竞争力。

江西恒实建设管理股份有限公司董事长贾明、上海建科工程项目管理有限公司执行董事刘格春、安徽省志成建设工程咨询股份有限公司董事长陆玮、北京兴油工程项目管理有限公司总经理刘玉梅、承德城建工程项目管理有限公司董事长史书利、中建卓越建设管理有限公司总裁郭歆芸等6名女企业家分别对本企业创新发展经验向大家做了交流分享，并就行业发展谈了各自的见解。

最后，中国建设监理协会副会长兼秘书长王学军做会议总结，并就监理行业发展提出三点建议，一是坚持四个监理自信；二是顺应建筑业改革大势、选择适合企业发展的道路；三是严格履职尽责、保障工程质量安全。

河南省建设监理协会党支部召开党史学习教育专题研讨会

2021年4月21日下午，河南省建设监理协会党支部召开党员大会，就学习习近平总书记在党史学习教育动员会重要讲话精神做专题研讨。支部书记、会长孙惠民主持会议，并以党史为主要内容为全体党员讲党课，厅党史学习教育办、省住房和城乡建设厅法规处张贵鹏同志参加研讨会，省建设科技协会支部书记尹先伟观摩指导。副书记、秘书长耿春参加会议，协会全体党员参加研讨。

孙惠民书记以"我们党的成长与发展"为题，为全体党员上党课，强调支部党员同志要通过党史学习，进一步坚定理想信念，找准党员定位，更加坚定地去落实中央、省委决策部署和厅机关党委各项工作部署要求。当前全省建设监理行业正处在转型发展关键时期，监理行业的发展还面临诸多问题，我们需要从党史中汲取智慧和力量，以历史发展的眼光辩证地把握发展主题，让全省建设监理行业的发展真正扎根在初心上，成长于使命中，绽放于新时代。

全体党员一致表示，要将党史学习感悟转化为干事创业、勇担使命的强大动力，切实践行协会服务政府、服务社会、服务会员的宗旨。

（河南省建设监理协会　供稿）

山西省建设监理协会关于抵制非法社会组织的倡议书

各会员单位，监理行业有关单位：

近日，民政部等22部门联合印发《关于铲除非法社会组织滋生土壤 净化社会组织生态空间的通知》（以下简称《通知》），要求社会组织要依法登记、依法运作，做到"六不得一提高"，不与非法社会组织有任何勾连或合作。多年来，建筑行业非法组织以假乱真、招摇撞骗，给广大企业和从业人员造成了不必要的困扰和损失。为认真贯彻落实《通知》精神，提高全行业的防范意识，抵制非法社会组织的不法活动，彻底铲除非法社会组织滋生土壤，净化社会组织生态环境，结合监理行业实际情况，山西省建设监理协会发出以下倡议：

一、提高政治站位。坚决支持和贯彻《通知》精神，拥护国家依法整治非法社会组织一切乱象，维护合法社会组织和人民群众正当权益，维护社会公平、正当的市场营销环境，齐心协力铲除非法社会组织滋生土壤。

二、抵制非法组织。坚决抵制非法社会组织及其活动，不与非法社会组织勾连开展活动或为其活动提供便利；不参与成立或加入非法社会组织；不接受非法社会组织作为分支或下属机构；不为非法社会组织提供网站、微信公众号、账户使用等平台和便利条件。

三、提高防范意识。正确了解合法社会组织的信息和相关工作。积极参与和做好防范非法社会组织学习和宣传活动。参加相关活动前，需先查询和验证其合法性和真实性。一经发现非法社会组织，积极向民政部等执法部门进行投诉和举报，为打击非法社会组织、净化社会组织生态环境、维护广大群众利益做出贡献。

社会组织查询验证方法：

通过"中国社会组织政务服务平台"（www.chinanpo.gov.cn）、"中国社会组织动态"微信公众号提供的全国社会组织查询功能，对社会组织身份进行核验，提高警惕，避免上当受骗。

让我们坚持以习近平新时代中国特色社会主义思想为指导，更加紧密地团结在以习近平同志为核心的党中央周围，积极参加到打击整治非法社会组织的行动中，为推动建筑业高质量发展贡献力量，共同创造风清气正的社会组织生存空间。

（山西省建设监理协会　供稿）

闽黔两省监理协会携手推进行业自律

为充分发挥监理行业协会自律作用，促进监理行业健康可持续发展，2021 年 3 月 15 日福建省工程监理与项目管理协会和贵州省建设监理协会在福州市举行行业自律共建签约仪式。中国建设监理协会会长王早生出席并见证签约仪式，福建省工程监理与项目管理协会会长林俊敏、贵州省建设监理协会会长杨国华及两省监理协会部分领导班子成员等参加了签约仪式活动，并围绕共同推动监理行业职业道德建设、共同维护监理市场秩序等内容进行了深入交流。

福建省工程监理与项目管理协会会长林俊敏指出，闽、黔两省监理协会签署这份协议是将行业自律协作共识落地，双方合作将本着"互信、合作、双赢"原则，在抵制低价标、会员异地违规行为处罚等多维度开展更加深入、更加广泛、更加有效、更加密切的合作。

贵州省建设监理协会会长杨国华表示，闽、黔两省监理协会建立行业自律措施协同机制，签署行业自律协作协议，架起了闽、黔两地共同维护监理市场秩序、推进行业自律的桥梁。

王早生会长对此次闽、黔两省监理协会联手推进行业自律、加强监理行业管理、促进行业发展给予高度评价。闽、黔两省监理协会此次签约共建工作走在全国前列，具有可推广、宣传、复制的意义和价值。未来，我们将通过逐个经济区域协作建立共享行业自律协作平台，逐步扩至全国形成网络体系，达到信息共享、协调统筹，让企业在一处失信，处处受限。同时，通过行业自己的努力，与政府架起沟通的桥梁，逐步推进行业规范市场。

（福建省工程监理与项目管理协会 贵州省建设监理协会 供稿）

福建省工程监理与项目管理协会和平潭综合实验区土地开发集团有限公司携手遏制低价竞标

2021 年 4 月 7 日下午，平潭综合实验区土地开发集团有限公司党委委员、副总经理林东明一行 6 人到福建省工程监理与项目管理协会调研交流。福建省工程监理与项目管理协会会长林俊敏、常务副会长饶舜、副会长兼自律委员会主任郑奋、副会长兼秘书长江如树、监事长刘立、福建省人防协会会长林剑煌参加座谈会。

会议重点探讨双方如何携手共建，共同遏制低价竞标，确保工程质量。

福建省工程监理与项目管理协会会长林俊敏强调：一方面监理市场价格放开，不应以牺牲监理服务质量为代价，恶性压价，没有最低，只有更低；另一方面业主单位对监理方的管理，既要给足费用，也要结合制度，监督与激励并行，促进监理作用发挥，保障工程质量安全和项目的顺利开展。平潭综合实验区土地开发集团此次前来协会调研共同探讨监理行业发展，在行业起了好头、树了榜样，协会也期待与平潭综合实验区土地开发集团有限公司达成党建、廉建的共建共识，推进工程质量安全共抓。同时，希望更多的业主单位能学习平潭综合实验区土地开发集团有限公司的先进理念，增进双方的了解与互信，推动行业高质量发展。

此次座谈会开启了业主与行业协会合作共抓质量安全的可能性，为规范行业市场、推进行业自律起到了积极作用。协会通过发挥自律监管作用，有效联合一切可促进监理市场健康发展的可能性，引导与规范监理市场竞争，推动监理市场环境的健康发展。未来，协会将探索更多模式和可能性，发挥行业专业性，推动福建省监理市场的良性健康发展。

（福建省工程监理与项目管理协会 供稿）

天津市建设监理协会第四届六次会员代表大会暨四届七次理事会顺利召开

2021年3月29日，天津市建设监理协会召开第四届六次会员代表大会暨四届七次理事会。中国建设监理协会会长王早生、市国资系统行业协会商会党委曹楠、市民政局社团监督管理处游天丰等领导应邀出席会议并发表讲话、致辞。协会会员代表、理事、监事共161人出席会议。会议由协会党支部书记、副理事长兼秘书长马明主持。

郑立鑫理事长作"天津市建设监理协会2020年度工作总结暨理事长述职报告"。会员代表大会审议通过"天津市建设监理协会2020年度工作总结暨理事长述职报告""天津市建设监理协会2021年工作要点""天津市建设监理协会2020年度财务决算与2021年度财务预算报告""天津市建设监理协会2020年度监事会工作报告"和"关于调整天津市建设监理协会第四届理事会理事的议案"，理事会审议通过"关于推荐天津市建设监理协会第四届理事会副理事长人选的议案"。

中国建设监理协会会长王早生在讲话中对天津监理行业的健康发展以及协会对天津经济发展的贡献给予充分肯定。他强调，要认清监理行业发展形势，明确发展方向，加强工程监理发展战略研究，"补短板、扩规模、强基础、树正气"，致力于监理行业"做强、做优、做大"，立足行业实际，加强诚信建设和标准化建设，强化信息化管理和智慧化服务工作，促进企业创新发展。

（天津市建设监理协会　供稿）

天津市建设监理协会召开党建联络员暨联络员工作会

2021年3月5日下午，天津市建设监理协会召开党建联络员暨联络员工作会，107家会员单位的127名联络员参加了本次会议。会议由协会发展部徐博主持。

协会党支部书记、副理事长兼秘书长马明同志做"监理协会党建工作总结"，并对2020年协会工作进行总结，同时围绕"抓党建、促企建、谋行业发展"的工作目标提出2021年协会工作要点：一是加强协会党建工作，增强协会向心力；二是贯彻发展理念，促进行业发展；三是加强行业自律建设，强化企业竞争力；四是提高服务水平，为行业发展助力。

会上通报了"2020年度监理企业、监理人员诚信评价"工作结果和"2020年度监理行业先进企业、优秀总监理工程师、优秀专业监理工程师评选"申报阶段工作总结，并对两项工作中的有关事项进行了说明。

最后，马明同志充分肯定了一年来联络员的工作，希望联络员同志们继续发挥桥梁纽带作用，与协会一起更好地为党和政府、为行业、为会员服务。

（天津市建设监理协会　供稿）

天津市建设监理协会荣获"天津市社会力量参与脱贫攻坚助力挂牌督战"荣誉证书

天津市建设监理协会认真贯彻习近平总书记在决战决胜脱贫攻坚座谈会上的讲话精神和关于"对工作难度大的县和村挂牌督战"的重要指示精神，把参与脱贫攻坚，助力挂牌督战作为首要政治任务来抓。

协会按照市民政局关于扶贫工作的总体部署，积极开展脱贫帮扶工作，向新疆和田地区策勒县奴尔乡阿其玛村捐赠1.7万元购置办公用品。

天津市扶贫协作和支援合作工作领导小组办公室为天津市建设监理协会颁发了荣誉证书，感谢协会对天津市扶贫协作和支援合作工作以及慈善事业的支持，为助力挂牌督战贫困村打赢脱贫攻坚战做出了突出贡献！

（天津市建设监理协会　供稿）

河北省建筑市场发展研究会荣获"京津冀社会组织跟党走——助力脱贫攻坚行动"优秀单位、"社会组织参与新冠肺炎疫情防控"优秀单位两项荣誉

近日，河北省民政厅对助力脱贫攻坚优秀社会组织和参与新冠疫情防控优秀社会组织进行通报表扬，河北省建筑市场发展研究会荣获"京津冀社会组织跟党走——助力脱贫攻坚行动"优秀单位，"社会组织参与新冠肺炎疫情防控"优秀单位两项荣誉。

近几年，河北省建筑市场发展研究会为贯彻落实党中央、国务院和省委、省政府对精准脱贫工作的总部署，积极响应号召，倡议会员单位积极参与精准脱贫工作，勇于承担社会责任，河北省建筑市场发展研究会及会员单位以实际行动助力保定市阜平县革命老区精准脱贫，累计筹集公益资金27万余元，为助力脱贫攻坚贡献力量。

面对新冠肺炎疫情防控的严峻形势，河北省建筑市场发展研究会及党支部积极做好疫情防控工作，向会员单位发出"关于积极配合做好新型冠状病毒疫情防控工作倡议书"。河北省建筑市场发展研究会单位会员及个人会员累计捐款189.97万元，体现了河北监理、造价咨询行业在抗击新冠肺炎疫情中高度的社会责任感和勇于担当的精神。

（河北省建筑市场发展研究会 供稿）

吉林省建设监理协会组织人防工程监理人员从业能力培训班

为促进吉林省人防工程建设质量管理标准规范的有效落实，努力提高人防工程建设监理从业人员专业技术水平，不断满足市场对人防工程监理专业技术人才需求，吉林省建设监理协会应广大会员要求，在省人防办支持指导下，于2020年11月组织了吉林省人防工程监理人员从业能力培训班，并于2021年3月进行从业能力评估测试。

培训班特邀原解放军理工大学国防工程学院李朝甫及其他专家教授克服疫情困难在线直播授课，内容系统、全面、深刻，全体学员获益匪浅。省建设监理协会秘书长安玉华向省人防办副主任李越介绍了此次培训及测试工作，李越副主任表示协会从大局出发，主动作为，对提高从业人员素质和全面提升人防工程建设质量管理奠定了基础。

安玉华秘书长表示，协会将继续提供优质服务，为人防工程监理行业高质量发展助力。

（吉林省建设监理协会 供稿）

四川省建设工程质量安全与监理协会召开监理分会会员单位交流会

2021年3月24日下午，四川省建设工程质量安全与监理协会召开了监理分会会员单位交流会，监理分会执行会长薛昆，常务副会长蒋增伙，协会相关人员及7家会员单位负责人参加会议，会议由监理分会会长汤友林主持。

会议通报了近期参与低价投标监理项目的情况，对低于监理服务成本价参与监理投标扰乱监理市场，阻碍监理行业健康发展的行为提出了批评。会议强调，监理行业目前处于转型升级的关键时期，为维护行业整体环境的健康发展，会员单位应遵守《四川省建设工程监理行业自律公约》及《建设工程监理规范》GB/T 50319—2013等规定，加强对下属分支机构的市场经营行为管控，在以后的投标报价中对招标文件进行分析，综合考虑监理工作内容、工期和人员配置的实际成本，自觉抵制恶性压价、低于成本价竞标等破坏监理行业健康发展的不当行为。会议要求，监理会员单位应以高质量的服务参与和促进监理市场公平竞争，共同维护良好的监理行业市场环境，为行业可持续、高质量、健康有序发展打下坚实的基础。

（四川省建设工程质量安全与监理协会 供稿）

住房和城乡建设部关于修改《建筑工程施工许可管理办法》等三部规章的决定

中华人民共和国住房和城乡建设部令第52号

《住房和城乡建设部关于修改〈建筑工程施工许可管理办法〉等三部规章的决定》已经 2021 年 1 月 26 日第 16 次部务会议审议通过，现予公布，自公布之日起施行。

住房和城乡建设部部长　王蒙徽
2021 年 3 月 30 日

住房和城乡建设部关于修改《建筑工程施工许可管理办法》等三部规章的决定

住房和城乡建设部决定：

一、将《建筑工程施工许可管理办法》（住房和城乡建设部令第 18 号，根据住房和城乡建设部令第 42 号修改）第四条第一款第二项修改为："依法应当办理建设工程规划许可证的，已经取得建设工程规划许可证。"

将第四条第一款第五项修改为："有满足施工需要的资金安排、施工图纸及技术资料，建设单位应当提供建设资金已经落实承诺书，施工图设计文件已按规定审查合格。"

删去第四条第一款第七项、第八项。

二、删去《实施工程建设强制性标准监督规定》（建设部令第 81 号，根据住房和城乡建设部令第 23 号修改）第五条第二款。

三、将《城市房地产抵押管理办法》（建设部令第 56 号，根据建设部令第 98 号修改）第十五条中的"中外合资企业、合作经营企业和外商独资企业"修改为"外商投资企业"。

本决定自公布之日起施行。以上规章根据本决定作相应修正，重新公布。

住房和城乡建设部关于修改《建设工程勘察质量管理办法》的决定

中华人民共和国住房和城乡建设部令第53号

《住房和城乡建设部关于修改〈建设工程勘察质量管理办法〉的决定》已经 2021 年 1 月 26 日第 16 次部务会议审议通过，现予公布，自公布之日起施行。

住房和城乡建设部部长　王蒙徽
2021 年 4 月 1 日

住房和城乡建设部关于修改《建设工程勘察质量管理办法》的决定

住房和城乡建设部决定对《建设工程勘察质量管理办法》（建设部令第 115 号，根据建设部令第 163 号修改）作如下修改：

一、将第四条第一款中的"建设行政主管部门"修改为"住房和城乡建设主管部门"。其余条款依此修改。

二、将第五条第二款中的"严格执行国家收费标准"修改为"加强履约管理，及时足额支付勘察费用"。增加两款作为第三款和第四款："建设单位应当依法将工程勘察文件送施工图审查机构审查。建设单位应当验收勘察报告，组织勘察技术交底和验槽。

"建设单位项目负责人应当按照有关规定履行代表建设单位进行勘察质量管理的职责。"

三、将第七条修改为："工程勘察企业应当健全勘察质量管理体系和质量责任制度，建立勘查现场工作质量责任可追溯制度。

"工程勘察企业将勘探、试验、测试等技术服务工作交由具备相应技术条件的其他单位承担的，工程勘察企业对相关勘探、试验、测试工作成果质量全面负责。"

四、将第九条修改为："工程勘察企业应当向设计、施工和监理等单位进行勘察技术交底，参与施工验槽，及时解决工程设计和施工中与勘察工作有关的问题，按规定参加工程竣工验收。"

（以下略）

来源：住房和城乡建设部网站

中国建设监理协会六届三次
会员代表大会暨六届四次理事会
在郑州顺利召开

2021 年 3 月 17 日，中国建设监理协会在河南省郑州市召开六届三次会员代表大会暨六届四次理事会。住房和城乡建设部建筑市场监管司建设咨询监理处处长贾朝杰、河南省住房和城乡建设厅建筑市场监管处处长马耀辉出席会议讲话并致辞，中国建设监理协会会长王早生，副会长兼秘书长王学军，副会长商科、雷开贵、李明华、麻京生、陈贵、李明安、李伟、孙成，副秘书长温健、王月，河南省建设监理协会会长孙惠民出席会议。会议代表应到 395 人，实到 363 人，符合协会章程规定。会议由副会长兼秘书长王学军主持。

贾朝杰处长充分肯定了协会的工作，进一步强调了监理制度的重要性，通报了推进监理制度改革工作的有关情况，指明了监理行业发展方向。

马耀辉处长介绍了河南建筑业改革发展情况，对监理行业的健康发展和监理作用的发挥以及对河南经济发展的贡献给予充分肯定，并对监理行业的发展寄予厚望。

王早生会长做"中国建设监理协会六届三次会员代表大会暨六届四次理事会工作报告"，回顾了协会六届理事会成立以来开展的各项工作，报告了 2020 年协会建设、会员管理和服务会员、促进行业发展、加强秘书处内部建设和会费收支情况等各项工作和 2021 年工作设想以及财务收支预算情况。

会议审议通过了"协会工作报告""关于成立中国建设监理协会监事会的报告""关于修订中国建设监理协会会员管理办法的报告""中国建设监理协会资产管理办法"。

会议通报了 2020 年协会个人会员发展情况。无记名投票表决通过了"中国建设监理协会章程""关于调整中国建设监理协会第六届理事、常务理事的报告""关于调整中国建设监理协会第六届副会长的报告"。

选举郑立鑫、王岩、付静、周金辉等 4 人为中国建设监理协会副会长，黄先俊、白雪峰、朱迎春为监事；第六届监事会第一次会议选举黄先俊为监事长；同意尤京、陈东平辞去副会长的申请。

会议提出，2021 年是"十四五"规划开局之年，要紧密围绕在以习近平为核心的党中央周围，认真贯彻落实中央经济工作会议和建设工作会议精神，紧紧围绕行业发展实际，坚持"改革创新、主动作为"，不断促进诚信建设，加强标准化研究，推进信息化管理、智能化服务，发扬监理人向社会负责、技术求精、坚持原则、勇于奉献、开拓创新的精神，走高质量发展道路，努力完成 2021 年工作任务，齐心协力为祖国经济建设做出监理人应有的贡献。

改革创新　主动作为
积极推动工程监理行业持续健康发展

——中国建设监理协会六届三次会员代表大会暨六届四次理事会工作报告

王早生

中国建设监理协会会长

各位代表，各位理事：

根据《中共中央办公厅 国务院办公厅关于印发〈行业协会商会与行政机关脱钩总体方案〉的通知》（中办发〔2015〕39号）、《关于全面推开行业协会商会与行政机关脱钩改革的实施意见》（发改体改〔2019〕1063号）及民政部等有关部门的要求，中国建设监理协会在2020年基本完成了有关脱钩的阶段性工作。现组织召开"中国建设监理协会六届三次会员代表大会暨六届四次理事会"，报告中国建设监理协会六届理事会成立以来的主要工作和2021年工作安排，请予审议：

第一部分　协会六届理事会成立以来的主要工作

中国建设监理协会第六届理事会正处于我国全面建成小康社会的决胜期，也是实现"两个一百年"奋斗目标的历史交汇期。协会全面贯彻党的十九大精神，坚持以习近平新时代中国特色社会主义思想为指导，深入谋划新时代工程监理行业发展的新思路，牢记使命，勇于担当，主动作为。协会按照《国务院办公厅关于促进建筑业持续健康发展的意见》（国办发〔2017〕19号）等重要文件和全国住房城乡建设工作会议的要求，充分把握国家、社会、人民对工程监理行业的需求，抓住国家快速发展、供给侧结构性改革、建筑业改革、工程建设组织模式变革和服务方式变化等契机，努力开创新时代工程监理行业新局面。

六届理事会成立以来开展的主要工作：

一、加强协会党建工作

经住房和城乡建设部社团党委批准，协会于2018年1月完成党支部换届工作。党支部组织全体党员认真学习贯彻落实习近平新时代中国特色社会主义思想和党的十九大及十九届一中、二中、三中、四中、五中全会精神，树牢"四个意识"、坚定"四个自信"、做到"两个维护"，坚持"三会一课"制度，开展"两学一做"学习教育活动，实行每周五集中学习制度，组织专题党课，增强党性观念，强化宗旨意识。组织开展"不忘初心、牢记使命"主题教育活动，突出政治教育和党性锻炼。

二、有序推进脱钩工作

按照住房和城乡建设部和民政部的部署，六届理事会伊始，协会即有序推进脱钩工作，已于2020年12月基本完成有关脱钩的阶段性工作。

三、积极开展精准扶贫工作

坚决打赢脱贫攻坚战是党的十九大做出的重大战略部署，习近平总书记在党的十九大报告中指出，要动员全国、全社会力量，坚持精准扶贫、精准脱贫。协会按照住房和城乡建设部关于扶贫工作的总体部署，积极开展脱贫帮扶工作，向青海省湟中县、大通回族土族自治县捐赠助学款6万元。

四、引导行业创新发展

贯彻中央经济工作会议和全国住房城乡建设工作会议精神，推进行业供给侧结构性改革和监理服务方式变革。协会通过宣讲活动引导企业适应监理咨询服务市场化，建设组织模式变革和建造方式变化。按照《住房城乡建设部关于促进工程监理行业转型升级创新发展的意见》（建市〔2017〕145号），协会通过课题研究和经验交流，推动工程监理行业创新发展，组织提高监理企业专业化和全过程工程咨询服务能力及水平。

五、加强行业诚信建设

按照《住房城乡建设部关于印发建筑市场信用管理暂行办法的通知》（建市〔2017〕241号），协会引导会员单位积极参加政府部门开展的信用评价活动，健全行业自律机制，营造公平竞争的市场环境。积极推进行业诚信体系建设，鼓励和支持地方协会建立个人会员制度。为规范会员信用管理，促进会员诚信经营、诚信执业，协会印发了《中国建设监理协会会员信用管理办法》《中国建设监理协会会员信用管理办法实施意见》《中国建设监理协会会员信用评估标准（试行）》《中国建设监理协会会员自律公约》《中国建设监理协会单位会员诚信守则》和《中国建设监理协会个人会员职业道德行为准则》，在会员范围内开展"推进诚信建设，维护市场秩序，提升服务质量"活动，鼓励单位会员开展信用自评估工作。为加强对会员的诚信管理，协会正在建立"会员信用信息管理平台"。

六、落实住房和城乡建设部质量安全提升行动

按照国务院及行业主管部门提升工程质量相关文件精神，引导监理企业做好向政府主管部门报告质量监理情况的试点工作。按照《住房城乡建设部关于印发大型工程技术风险控制要点的通知》（建质函〔2018〕28号），协会督促监理企业严格落实监理法定职责，认真执行总监六项规定，充分发挥监理单位在工程质量控制中的作用，提升工程建设质量安全水平。

七、加强行业理论研究

协会紧紧围绕国家政策，针对行业重点难点问题，充分发挥专家委员会作用，深入开展理论研究。协会开展了"深化改革完善工程监理制度""监理行业标准的编制导则""中国建设监理协会会员信用评估标准""BIM技术在监理工作中的应用""城市轨道交通工程监理规程"等17个课题研究，为行业持续健康发展提供具备前瞻性的政策储备和理论支撑。

八、继续推动行业标准化建设

协会以推进工程质量管理标准化，提高工程项目管理水平为契机，积极开展标准化课题研究，推进行业团体标准建设，推动行业标准体系建设，促进工程监理工作的量化考核和监管，使工程监理工作更加规范。协会印发了《建设工程监理工作标准体系》，为推进工程监理工作标准化，促进工程监理行业持续健康发展提供了参考。2019年协会与中国工程建设标准化协会签署"工程建设团体标准战略合作协议"，旨在进一步推动行业标准化发展。目前，"装配式建筑工程监理规程"课题成果转团体标准工作已完成，其他课题成果"房屋建筑工程监理工作标准""项目监理机构人员配置标准""监理工器具配置标准""工程监理资料管理标准"等转团体标准工作也在有序开展。

九、深入推进行业信息化建设

协会举办"监理企业信息化管理和智慧化服务现场经验交流会"，开展"BIM技术在监理工作中的应用"课题研究，并在宣讲活动中推广BIM等现代技术在专业化监理和工程咨询服务及运营维护全过程的集成应用，努力实现工程建设项目全生命周期数据共享和信息化管理，促进工程监理服务提质增效。

十、加强国际合作交流

为加强国际行业组织间的业务联系和交流，协会分别与英国皇家特许测量师学会（RICS）、香港测量师学会、法国必维集团等单位就有关合作事宜进行磋商。2019年，王学军秘书长率队赴俄罗斯调研俄罗斯工程项目管理实施状况及中方监理企业参与海外工程建设的情况与模式，与俄罗斯全国建筑工程咨询工程师协会进行了交流。协会鼓励企业抓住"一带一路"建设机遇，主动参与国际市场竞争，提升企业的国际竞争力。

十一、脱钩审计情况

经审计机构对中国建设监理协会开展的脱钩审计，协会2018年12月31日资产账面数94228159.56元，负债账面数213089.63元；资产清查数94228159.56元，负债清查数213089.63元。未发现国有资产流失。

第二部分 协会2020年完成的主要工作

2020年，在党中央、国务院坚强领导下，在住房和城乡建设部的有力指导下，虽然受新冠疫情的影响，但协会如期完成年度各项工作任务。

一、协会建设方面

（一）组织召开协会六届三次理事会

2020年1月，协会在广州召开了六届四次常务理事会暨六届三次理事会，审议通过了"关于中国建设监理协会2019年工作情况和2020年工作安排的报告""关于调整、增补中国建设监理协会六届常务理事、理事的报告""关于发展中国建设监理协会单位会员的报告""关于中国建设监理协会个人会员发展情况的报告"；审议通过了"关于注销中国建设监理协会水电分会的情况说明""建设监理行业自律公约"等文件的修改说明；"中国建设监理协会员工薪酬管理办法""中国建设监理协会会员信用评估标准（试行）"课题组组长汇报了课题研究成果。

（二）做好扶贫工作

2020年是决胜全面建成小康社会、决战脱贫攻坚之年，是脱贫攻坚收官之年。为贯彻落实习近平总书记在决战决胜脱贫攻坚座谈会及统筹推进新冠肺炎疫情防控和经济社会发展工作部署会上

的重要讲话精神，按照住房和城乡建设部《2020年扶贫工作要点》要求，协会认真做好2020年定点扶贫工作，按照住房和城乡建设部社团党委安排，向湖北省红安县慈善会捐赠6万元帮扶资金用于村集体产业扶持。

（三）组织召开2020年全国监理协会秘书长工作会议

2020年9月，协会在南宁组织召开"全国建设监理协会秘书长工作会议"。各地方建设监理协会、有关行业建设监理专业委员会及分会代表参加了会议。会议总结了2020年上半年协会工作情况，并安排了2020年下半年的主要工作。会议对"关于建立'中国建设监理与咨询'微信公众号平台的通知"，从服务对象、服务内容等六个方面做了简要解释。陕西、广西、贵州、河南、广东、武汉等省市监理协会在会上就秘书处工作交流了经验。

（四）组织召开六届五次常务理事会

2020年10月，协会六届五次常务理事会以通信方式召开。会议审议了《中国建设监理协会关于发展单位会员的报告（审议稿）》，同意包头市鑫港工程监理有限责任公司等20家单位成为中国建设监理协会单位会员。

（五）组织召开六届六次常务理事会

2020年12月，协会以通信方式召开六届六次常务理事。会议审议"六届三次会员代表大会议题""六届三次会员代表大会会员代表产生办法""中国建设监理协会内部规章制度"等事项。

（六）做好协会脱钩相关工作

协会目前已完成有关脱钩的阶段性工作。同时，根据《民政部关于核准中国勘察设计协会等12家行业协会脱钩实施方案的函》（民便函〔2020〕4号）要求，对协会章程进行修改，已报民政部进行核准。

二、会员管理和服务会员方面

（一）发展会员

2020年协会发展单位会员90家，个人会员9批共6799人。截至2020年12月，协会现有单位会员1166家、个人会员142198人。

（二）减轻疫情重灾区企业负担

为贯彻习近平总书记在统筹推进新冠肺炎疫情防控和经济社会发展工作部署会议上的重要讲话精神，落实党中央国务院决策部署，科学防控疫情，积极推动监理企业有序复工、复产，保障从业人员生命安全和身体健康，协会印发《关于做好监理企业复工复产疫情防控工作的通知》（中建监协〔2020〕11号）。根据国家发展改革委办公厅和民政部办公厅《关于积极发挥行业协会商会作用支持民营中小企业复工复产的通知》（发改办体改〔2020〕175号）要求，经协会常务理事会审议通过，免收2020年度湖北省26家单位会员和8家协会分会单位会员会费共计9.8万元。

（三）完善个人会员服务平台

为更好地服务会员，协会在会员服务平台"学习园地"栏目，增加工程质量、安全相关学习资料，会员可根据自身需要随时学习、测试，测试合格可打印业务学习证明。协会在会员网络学习课件库新增"监理行业先进技术和成功案例""业务辅导专题讲座"相关内容，丰富了会员网络业务学习内容。

协会对个人会员系统进行优化升级，并开展个人会员管理系统网上缴费及电子票据模块的开发工作。

（四）举办会员免费业务辅导活动

为更好地服务会员，提高会员的业务水平，协会2020年12月在贵阳举办"监理行业转型升级创新发展业务辅导活动"，约300人参加了业务辅导。协会领导和专家就行业改革与发展、诚信与监理行业发展探讨、全过程工程咨询、风险防控、BIM及信息化建设、建设工程安全生产管理的法定监理职责和履职能力等内容进行了辅导交流。

（五）开展合作培训

为拓展专业技术人员业务知识，提高综合素质和创新能力，培养监理行业高层次骨干专业技术人员，2020年11月，协会与住房和城乡建设部干部学院在南昌共同举办了2020年"十三五"万名总师大型工程建设监理企业总工程师培训班，有200余人参加了培训。卫明副司长做了"深化建筑业改革，构建工程监理新发展格局"的主题报告。王早生会长做了"补短板、扩规模、强基础、树正气，推动监理转型升级高质量发展"专题讲座。

（六）加强会员诚信建设

为规范会员信用管理，促进会员诚信经营、诚信执业，构建以信用为基础的自律监管机制，维护市场良好秩序，打造诚信工程监理行业，促进行业高质量可持续健康发展，按照中国建设监理协会2020年工作安排，协会印发了《中国建设监理协会会员信用管理办法》《中国建设监理协会会员信用管理办法实施意见》《中国建设监理协会会员信用评估标准（试行）》《中国建设监理协会会员自律公约》《中国建设监理协会单位会员诚信守则》和《中国建设监理协会个人会员职业道德行为准则》，并在会员范围内开展"推进诚信建设，维护市场秩序，提升服务质量"活动。单位会员在地方协会和行业专委会、分会指导下，已于2020年8月陆续开展信用自评估工作。

同时，协会正在建设"会员信用信息管理平台"，加强对会员的诚信管理。

（七）通报"鲁班奖"和"詹天佑奖"工作

根据2020年中国建筑业协会和中国土木工程协会颁发的"鲁班奖"和"詹天佑奖"名单，协会对参建获奖项目的监理企业及总监理工程师进行通报。

（八）做好行业宣传工作

1. 办好《中国建设监理与咨询》刊物。2020年，在团体会员和单位会员的支持下，《中国建设监理与咨询》每期征订量至3800册，总印数5000余册，分别赠送团体会员、单位会员、编委、通讯员；有20家省、市和行业协会及256家监理企业参与了征订工作；有89家地方、行业协会及监理企业以协办单位方式参加共同办刊。

2. 协会利用网站、微信公众号宣传行业、法规及相关政策；宣传省市及行业协会的活动；尤其是对各省监理企业抗疫活动进行了重点报道，突出了监理企业的担当和奉献精神。在《中国建设报》连续四次整版刊登"监理人大疫面前有担当"系列报道，介绍了监理企业日夜奋战抗疫医院建设第一线、监理人员大爱无疆积极捐款捐物的先进事迹，彰显了监理人的形象，展现了监理企业勇于担当的风采，传递出监理行业正能量。

3. 开通《中国建设监理与咨询》微信公众号，加强对会员单位工作的宣传报道。

三、促进行业发展方面

（一）根据主管部门要求，组织征求相关意见

1. 对住房城乡建设部建筑市场监管司起草的《开展政府购买监理巡查服务试点方案（征求意见稿）》，提出建议并报送建筑市场监管司；起草并印发《关于收集政府购买监理巡查服务试点方案意见和建议的通知》；印发《关于报送工程监理企业参与质量安全巡查情况的通知》（中建监协〔2020〕22号），收集工程监理企业参与质量安全巡查的案例，并分阶段报送建筑市场监管司。

2. 组织完成了《住房和城乡建设部办公厅关于征求压减建设工程企业资质类别等级工作方案意见的函》（建办市函〔2020〕219号）的工作。经征求有关专家意见，起草并向建筑市场监管司报送《压减建设工程企业资质类别等级工作方案（征求意见稿）》的修改意见。

3. 组织完成全国监理工程师职业资格考试报考条件的梳理工作，提出《全国监理工程师职业资格考试报考专业目录对照表》，报人力资源和社会保障部人事考试中心。

4. 按照住房和城乡建设部建筑市场监管司工作要求，组织行业专家起草并报送《关于房屋工程监理主要问题及工作建议的报告》。

（二）做好行业理论研究

2020年协会开展七个研究课题，其中"市政工程监理资料管理标准""城市轨道交通工程监理规程""监理企业发展全过程工程咨询的路径和策略""城市道路工程监理工作标准""建筑法修订涉及监理责权利课题研究"等课题研究工作有序推进，并完成验收。按照住房和城乡建设部建筑市场监管司的有关工作要求，2020年底新开展"全过程工程咨询涉及工程监理计价规则研究""工程监理企业资质业绩分类标准研究"两个课题。

另外，完成了"装配式建筑工程监理规程"课题成果转团体标准的可行性研究工作，并通过验收，完成团体标准审核。

（三）推进行业标准化工作

协会2020年印发六个试行标准，其中《房屋建筑工程监理工作标准》《项目监理机构人员配置标准》《监理工器具配置标准》《工程监理资料管理标准》等四个标准，已征求实施过程中的意见建议，2021年将转换为团体标准。此前已经印发了两个试行标准《中国建设监理协会会员信用评估标准》《建设工程监理团体标准编制导则》。

协会组织行业专家与中国工程建设标准化协会联合制定《建设工程监理工作评价标准》，并于2020年7月正式批准发布。

（四）组织召开监理企业信息化管理和智慧化服务经验交流会

为进一步贯彻落实《国务院办公厅关于促进建筑业持续健康发展的意见》和《国家发展改革委 住房和城乡建设部关于推进全过程工程咨询服务发展的指导意见》有关要求，提升监理企业信息化水平，推动工程监理行业健康发展。2020年7月，协会在西安举办了"监理企业信息化管理和智慧化服务经验交流会"。住房和城乡建设部建筑市场监管司副司长卫明、中国建设监理协会会长王早生出席会议并讲话。会上永明项目管理有限公司等十家企业代表就企业信息化管理和智慧化服务等介绍了他们的经验和做法。此次交流会反响较好，对于促进行业信息化管理、智慧化服务将起到积极的促进作用。

（五）组织召开监理企业诚信建设和标准化服务经验交流会

为进一步落实《国务院办公厅关于促进建筑业持续健康发展的意见》《国务

院办公厅转发住房城乡建设部关于完善质量保障体系提升建筑工程品质指导意见的通知》，积极推进工程监理行业诚信体系建设，维护监理市场良好秩序，提升监理服务质量，2020年12月，协会在郑州召开"监理企业诚信建设和标准化服务经验交流会"，来自全国近300名会员代表参加会议。11家企业代表就诚信建设和标准化服务分享了经验，会议还对"推进诚信建设、维护市场秩序、提升服务质量"活动进行了阶段总结。

（六）完成政府部门委托的监理工程师考试相关工作

2020年，协会组织完成了"2020年全国监理工程师职业资格考试"基础科目一和基础科目二以及土木建筑工程专业科目的命审题工作，组织完成了2020年全国监理工程师职业资格考试用书的编写工作和主观题阅卷工作。

（七）深入调研，了解行业现状

2020年，协会分别组织到广东、江苏、广西、陕西、河北、浙江、河南、江西等地对全过程工程咨询工作、监理行业现状、政府购买服务、企业信息化建设和智慧化服务等进行调研，了解行业情况，倾听会员呼声，引导行业健康发展。

四、加强秘书处内部建设

（一）提高全体人员服务意识、自律意识

2020年，协会秘书处继续深入开展作风建设年活动，坚持每周五集中学习制度，提升秘书处人员的服务意识和工作能力。

（二）加强对行业分会活动和资金使用情况的监管

协会定期组织召开分支机构工作会议，对各分支机构上年度工作总结和下年度工作计划及费用预算等提出相关要求，

规范了对分支机构的管理。对于行政主管部门委托的有关政策调研、改革方案征求意见等，协会都及时联系分支机构，征求意见，向行政主管部门及时反馈。

（三）做好社团评估工作

2020年，根据《社会组织评估管理办法》，协会参加了民政部安排的社团组织评估工作，秘书处分解评估指标，准备评估材料，配合完成了评估工作，被评为4A级全国性社会组织。

（四）积极开展工会活动

协会工会举办多项活动，服务协会工作，促使秘书处工作人员爱岗敬业、团结协作。组织开展团队建设活动，提高秘书处的凝聚力。

五、会费收支情况

2020年1—12月协会会费收入17362050.00元。其中，个人会员会费收入14851800.00元，占会费收入的86%；单位会员会费收入2510250.00元，占会费收入的14%。

2020年1—12月协会会费支出13275889.14元。其中，业务活动成本（不含考试及水电支出）6319989.72元，占会费支出的47.60%；管理费用6795899.42元，占会费支出的51.19%；疫情捐赠支出160000.00元，占会费支出的1.21%。

除上述工作外，分会和地方协会也做了大量工作。根据18家地方和行业协会报送的工作总结，2020年地方和行业协会主要有以下工作亮点：一是加强党建工作，助力脱贫攻坚。北京、山东、山西、广东、河南、云南等地方协会积极响应，号召企业助力脱贫攻坚，展现了监理的社会责任和使命担当。二是齐心协力共抗疫情，稳步推进复工复产。山东、山西、广东、河南、黑龙江、辽宁、陕西、

天津、浙江等地会员单位参与疫情防控医院建设、捐款捐物等，肩负社会责任，为抗击疫情做出监理人的贡献。如广东、上海、天津协会印发工作指引、倡议书、复工防控疫情措施指南等。武汉协会汪成庆同志荣获"全国住房和城乡建设系统抗击新冠肺炎疫情先进个人"。三是开展课题研究，推动行业健康发展。广东协会开展的"建设工程监理责任相关法律法规研究"课题，河北协会组织的"危险性较大的分部分项工程监理工作指南"课题研究，黑龙江协会开展的"黑龙江省建设工程监理成本评价标准"等课题，对行业的稳步发展具有积极的作用。四是发挥专家智库作用，加快团体标准建设。山东协会的《建设工程监理工作标准》，广东协会的《广东省建设工程安全生产管理监理规程》，河南协会的《装配式混凝土结构工程监理工作标准》，化工分会的《化工工程监理规程》，天津协会的《建设工程监理资料编写指南》，浙江协会组织编制的各类《起重机械安全监理实施细则》等各地团体标准，以及深圳协会主编的《深圳市工程监理工作标准》，不断提升监理服务质量和水平。五是组织经验交流，提升行业凝聚力。山西、广东、湖南、上海、浙江协会分别以形式多样的活动开展行业宣传，如"安全生产月"专题活动，监理法律法规研讨专题沙龙及各类论坛、研讨会、创新发展交流会等，不断提升监理行业的服务能力和管理水平。六是加强人才培养，促进行业健康发展。河北协会的"建设云课堂"、质量安全知识竞赛，河南协会编印监理培训用书、录制业务培训网课，内蒙古协会开展的线上培训和讲座等，不断加强监理人才培养，提升监理服务能力。七是开展表扬活动，激发行业活力。上海、浙

江、内蒙古、化工等协会开展年度优秀监理企业、优秀总监理工程师评选活动。八是加强诚信体系建设，推动行业高质量发展。内蒙古协会印发监理企业信用评价管理办法，北京、山东、湖南协会开展人员考核评价和企业信用评级工作，河北、云南、宁夏协会修订发布行业自律公约，河南协会协调联动21个诚信自律小组，发出风险警示8份、约谈企业20家。上海协会印发《关于共同维护市场秩序坚决抵制不合理低价竞争的倡议书》。

第三部分　协会2021年工作设想

2021年，中国建设监理协会以习近平新时代中国特色社会主义思想为指导，全面贯彻党的十九大和十九届二中、三中、四中、五中全会精神，认真落实中央经济工作会议精神和全国住房和城乡建设工作会议精神，坚持以人民为中心的发展思想，坚持稳中求进工作总基调，坚定不移贯彻新发展理念，按照高质量发展要求，以供给侧结构性改革为主线，加强工程监理发展战略研究，"补短板、扩规模、强基础、树正气"，致力于"做强、做优、做大"，不断加强自律管理，推进行业诚信建设，促进人员素质提高；不断加强标准化建设，树立良好形象，努力提高为会员服务的能力和水平，引导和推进工程监理行业创新发展。

一、推进行业诚信建设

1. 完善单位会员信用评估工作。

2. 对单位会员信用情况依规进行动态管理，定期更新。

3. 组织出版《监理人员警示录》。

二、提高监理人员素质

1. 分片区开展线下业务培训，争取单位会员每年参加一次协会组织的活动。

2. 组织出版监理人员培训教材。

3. 补充"监理工程师业务学习课件"和"监理人员学习园地"内容。

4. 召开全过程工程咨询和政府购买监理巡查服务经验交流会，鼓励各地方协会和监理企业开展形式多样的宣传培训论坛等专题交流活动。

5. 做好2021年度监理工程师考试相关工作。

鉴于今年财政形势，考试经费不足，按照主管部门要求，协会将根据考试报名情况，增加必要的经费支出。

三、加强行业标准化建设

1. 发布《装配式建筑工程监理规程》团体标准，开展标准宣贯交流活动。

2. 开展《房屋建筑工程监理工作标准》《房屋建筑工程项目监理机构人员配置标准》《监理工器具配置标准》《房屋建筑工程监理资料管理标准》《化工工程监理规程》等五项试行标准转团标工作。

3. 印发试行《城市道路监理工作标准》《市政工程监理资料管理标准》《城市轨道交通工程监理规程》《市政工程项目监理机构人员配置标准》等四项标准，发布《工程监理企业发展全过程工程咨询服务指南》。

4. 开展"监理工作信息化管理标准""施工阶段项目管理服务标准""监理人员职业标准""家装工程监理调查研究""业主方委托监理工作规程"等五项课题研究。

四、树立良好形象

1. 做好2021年参与"鲁班奖"和"詹天佑奖"监理企业和总监理工程师认定和通报工作。

2. 办好《中国建设监理与咨询》刊物，发挥"监理与咨询微信公众号"的宣传服务作用。

3. 召开项目监理机构经验交流会。

4. 研究监理人员统一的服装标识，向会员推荐，提升行业形象。

五、提高服务能力和水平

1. 加强行业调查研究，积极反映会员诉求。

2. 召开单位会员女企业家工作座谈会。

3. 扩大单位会员数量，提高个人会员质量。

4. 做好会费电子支付票据管理工作。

六、2021年收支预算

2021年协会会费预算收入1700万元。预算支出1511.49万元，其中：人员工资及办公经费支出447.98万元，保险、公积金、年金和工会经费165.5万元，受部业务主管部门委托考试命审题及主观题阅卷支出283万元，会员线上业务学习和线下培训支出267万元，经验交流、座谈及调研支出62.1万元，课题研究及转团标支出145万元，会员代表大会、理事会、秘书长会等会议支出42万元，杂志专访及编委通讯员会议支出16.52万元，各项税费支出25万元，其他支出57.39万元。化工、机械、船舶、石油天然气四个分会预算收入共31万元，预算支出共57万元，上年结余126万元。

七、完成主管部门交办的各项工作

以上报告，请予审议。

谢谢大家。

携手克难　完成年度工作部署

——中国建设监理协会 2021 年工作实施意见

王学军

中国建设监理协会副会长兼秘书长

2020 年，在地方和行业协会以及专家委员会和诚信建设指导组的支持下，中国建设监理协会在会员范围内较好地开展了"推进诚信建设，维护市场秩序，提高服务质量"活动，在加强协会建设、会员管理和服务，促进行业发展，完成阶段性脱钩工作，加强协会秘书处内部建设等方面成效显著，尤其是在抗疫宣传和单位会员信用自评估方面做了大量工作，取得了较好的成果。

2021 年，中国建设监理协会以习近平新时代中国特色社会主义思想为指导，全面贯彻党的十九大和十九届二中、三中、四中、五中全会精神，认真落实中央经济工作会议精神和全国住房城乡建设工作会议精神，坚持以人民为中心的发展思想，坚持稳中求进工作总基调，坚定不移贯彻新发展理念，按照高质量发展要求，以供给侧结构性改革为主线，加强工程监理发展和工作标准化研究，不断加强会员自律管理，推进行业诚信建设，促进人员素质提高；努力提高为会员服务的能力和水平，引导和推进工程监理行业创新发展。根据六届三次会员代表大会暨六届四次理事会通过的中国建设监理协会 2021 年工作要点，现将 2021 年协会主要工作实施意见印发如下：

一、推进行业诚信建设

（一）完善单位会员信用评估工作

根据《中国建设监理协会会员信用管理办法》《中国建设监理协会会员信用评估标准（试行）》，协会继续完善单位会员信用自评估工作和自评估成果的运用，在会员范围内公布会员自评估结果，推进会员单位诚信经营，促进监理行业诚信发展。

（二）对单位会员信用情况依规进行动态管理

根据单位会员信用自评估情况，依照相关规定对单位会员信用情况进行动态管理，根据会员受奖罚情况，定期对会员信用结果进行调整。这项工作还需要地方和行业协会大力支持，每半年将单位会员获奖或被行政处罚情况报中国建设监理协会联络部。

（三）编辑出版《监理人员警示录》

针对近些年监理行业出现的违法违规现象，为警示会员，督促监理人员认真履行职责，增强法治意识，减少或杜绝违法违规现象，协会将其中有代表性的案例汇编成册，编辑出版，赠送给会员单位，希望地方、行业协会秘书处给予配合。

二、促进监理人员素质提高

（一）分片区开展业务培训

协会将开展片区会员业务辅导活动，计划将全国划分六大片区进行业务培训，每个片区都委托一个副会长单位负责组织协调，为此专门制定了《中国建设监理协会分片区业务培训管理办法》，对培训对象、内容、师资要求、资金保障、培训成果运用做出了明确规定。指导地方监理协会举办业务培训活动，就行业发展面临的热点、难点问题和政策解读，请有关行业专家、企业负责人进行辅导，将协会发布的团体标准宣贯纳入培训范围，争取单位会员每年参加一次协会组织的活动，希望地方监理协会和行业监理专业委员会积极组织会员代表参加。同时，对地方协会开展会员业务辅导活动，中国建设监理协会将在师资力量等方面给予支持。

（二）编辑出版监理人员学习用书

2021 年度监理工程师职业资格考试时间在 5 月，一是按照监理工程师职业资格制度等有关要求，对 2021 年全国监理工程师考试用书进行修订；二是配合片区监理人员培训工作，计划汇编一套监理人员学习丛书。

（三）充实"监理工程师业务学习课件"和"监理人员学习园地"内容

随着行业建设组织模式、建造方式、服务模式的变革以及信息化管理服务的发展，我们要将信息化与服务会员结合起来，及时充实网络业务学习内容，为会员提供最新的政策指导和业务知识。

（四）召开全过程工程咨询和政府购买监理巡查服务经验交流会，鼓励各地方协会和监理企业开展形式多样的宣传培训论坛等专题交流活动。

为进一步推进监理企业开展全过程工程咨询服务和政府购买监理巡查服务，协会今年下半年将组织召开全过程工程咨询和政府购买监理巡查服务经验交流会。同时，也鼓励各地方协会和监理企业开展形式多样的行业发展交流会等专题交流活动。

（五）做好2021年度监理工程师考试相关工作。

三、加强行业标准化建设

（一）发布《装配式建筑工程监理规程》团体标准，开展标准宣贯交流活动

2019年试行的《装配式建筑工程监理规程》转团标研究工作去年已经完成，今年发布《装配式建筑工程监理规程》T/CAEC 002—2021团体标准，该团标宣贯将列入片区业务培训内容。

（二）开展试行标准转团标工作

去年试行的《房屋建筑工程监理工作标准》《房屋建筑工程项目监理机构人员配置标准》《监理工器具配置标准》《房屋建筑工程监理资料管理标准》《化工工程监理规程》等五项标准，今年开展转团标工作。《房屋建筑工程监理工作标准》由江苏省建设监理与招投标协会

牵头负责，《房屋建筑工程项目监理机构人员配置标准》由武汉建设监理与咨询行业协会牵头负责，《监理工器具配置标准》由重庆市建设监理协会牵头负责，《房屋建筑工程监理资料管理标准》由北京市建设监理协会牵头负责，《化工工程监理规程》由协会化工监理分会牵头负责。请相关参与单位积极配合，做好相关工作，发布高质量的团体标准，推动监理行业的标准化建设。

（三）试行四项标准，发布《工程监理企业发展全过程工程咨询服务指南》

对已验收通过的《城市道路监理工作标准》《市政工程监理资料管理标准》《城市轨道交通工程监理规程》《市政工程项目监理机构人员配置标准》等四项课题成果，协会今年将印发试行以上四项工作标准。今年协会还将发布《工程监理企业发展全过程工程咨询服务指南》，此项研究工作已委托上海市建设工程咨询行业协会负责。以上工作将推动行业管理标准化和提高监理服务质量，希望地方和行业协会在上述标准试行期间，注意收集意见和建议，及时向协会行业发展部反映。

去年延续的"全过程工程咨询涉及工程监理计价规则研究"课题，也委托上海市建设工程咨询行业协会负责研究。此项课题的研究成果，对于规范监理收费将起到重要作用。

（四）为持续推进行业标准化建设，协会将继续组织专家开展"监理工作信息化管理标准""施工阶段项目管理服务标准""监理人员职业标准""家装工程监理调查研究""业主方委托监理工作规程"等项课题研究

其中，"监理工作信息化管理标准"由陕西省建设监理协会负责，主要目的是促进不同类型企业提高信息化管理水

平；"施工阶段项目管理服务标准"由上海市建设工程咨询行业协会负责，目的是规范监理企业做项目管理的服务行为；"监理人员职业标准"由河南省建设监理协会负责，目的是为监理企业实行人工计费奠定基础；"家装工程监理调查研究"由北京市建设监理协会负责，目的是发挥监理人员在为人民办实事的能力；"业主方委托监理工作规程"由广东省建设监理协会负责，目的是为政府业务主管部门规范业主行为提供依据。协会鼓励行业专家积极参加2021年课题研究工作，希望各地方协会、行业专业委员会等予以支持。

四、树立良好形象

（一）做好参与"鲁班奖"和"詹天佑奖"监理企业和总监理工程师认定和通报工作

协会在建筑业协会和土木工程学会支持下，2021年下半年拟对2020年参与"鲁班奖"和"詹天佑奖"监理企业和监理工程师进行宣传，以达到弘扬正气、树立标杆，引领行业发展的目的。此项工作需要地方监理协会和行业监理专业委员会支持和把关。

（二）办好《中国建设监理与咨询》刊物，发挥"监理与咨询微信公众号"的宣传服务作用

《中国建设监理与咨询》是行业主要刊物，发行量在逐年增加。为进一步提高监理在建筑行业和社会的认知度，希望地方协会和行业监理专业委员会、分会支持行业刊物的征订和组稿工作，不断扩大刊物的行业影响力。为发挥"监理与咨询微信公众号"的宣传服务作用，希望地方和行业协会多做调研、多发现

正面典型，为宣传本行业提供素材。

（三）召开监理项目管理机构经验交流会

为提高现场监理人员的履职能力，协会上半年将召开监理项目管理机构经验交流会，组织项目总监分享现场工作经验心得，提高总监现场工作能力，宣传行业正能量。希望地方和行业协会、分会深入了解，推荐优秀总监参加交流活动。

（四）推出监理人员统一的服装标识，向会员推荐，提升行业形象

通过统一服装标识，进一步规范监理工作，提升监理行业形象，建设一支管理标准化、工作规范化的监理队伍，更好地为业主和社会服好务。

五、提高服务能力和水平

（一）加强行业调查研究，积极反映会员诉求

对会员开展全过程工程咨询和政府购买监理巡查服务等进行调研，了解行业情况，倾听会员呼声，反映会员诉求，引导行业健康发展。

（二）召开单位会员女企业家工作座谈会

女企业家是行业发展的半边天，应会员要求，协会将开展女企业家座谈会，今年拟由协会行业发展部牵头，江西恒实公司承办"女企业家工作座谈会"，为女企业家搭建交流平台，取长补短，共同发展。

（三）努力扩大单位会员数量，提高个人会员质量

会员是协会发展的基石，也是行业发展的力量，协会将努力发展单位会员，希望地方协会给予支持。协会将不断提高个人会员质量，加强个人会员业务辅导工作，更新会员学习园地内容，促进个人会员综合素质提高。

（四）做好会费电子支付票据管理工作

协会去年开始实行电子发票，做好会费电子支付票据管理工作，请各协会配合做好相关宣传工作。

（五）开展提升综合服务能力活动

今年本协会秘书处开展"守规矩、首问办结"活动，希望地方协会给予关注和支持，发现"守规矩和首问办结"方面不良现象及时与协会办公室联系，年底对此项活动给予评价。

六、完成主管部门交办的各项工作

2021年是"十四五"开局之年，也是建党100周年，让我们乘势而上，开启全面建设社会主义现代化国家新征程，在习近平新时代中国特色社会主义思想指引下，围绕"十四五"规划和2035年发展目标，结合监理行业发展实际，认真履行行业协会职能，携手克难，完成年度工作部署，为推动监理行业的高质量发展和树立行业良好形象而共同努力，为祖国的工程建设做出我们监理人应有的贡献！

中国建设监理协会第六届理事会组织机构

（2021 年 3 月 17 日中国建设监理协会六届三次会员代表大会通过）

会长：王早生

副会长：王学军　李伟　夏冰　陈贵　孙成　雷开贵　李明安　麻京生　李明华　郑立鑫　王岩　付静　周金辉

中国建设监理协会第六届监事会名单

监事长：黄先俊　监事：朱迎春　白雪峰

中国建设监理协会第六届理事会常务理事名单（共 50 名）（排名不分先后）

李伟	张铁明	郑立鑫	张森林	唐桂莲	贾敬元	关增伟	夏冰	张强	龚花强
徐友全	陈文	曹达双	陈贵	陈磊	盛大全	吕艳斌	高淑微	谢震灵	林俊敏
孙惠民	刘治栋	屠名瑚	孙成	肖学红	方向辉	雷开贵	冉鹏	付静	刘潞
付涛	商科	申长均	魏和中	宋兰萍	王岩	李明安	王红	周树彤	李斌
麻京生	单益新	姜鸿飞	董晓辉	汪成	李明华	周金辉	刘伊生	王早生	王学军

中国建设监理协会第六届理事会理事名单（共 309 名）（排名不分先后）

李伟	张铁明	刘秀船	高玉亭	曹雪松	赵群	孙琳	张捷	陈元欣	孔繁峰
李雁忠	韩珠杰	赵斌	李艳	王卫星	潘自强	胡海林	皮德江	鲁静	孙晓博
郑立鑫	石嵬	赵维涛	庄洪亮	杜水利	张森林	穆彩霞	王亚东	徐庆海	吴志林
赵新	张步南	郭建明	唐桂莲	田哲远	张跃峰	苏锁成	王海波	孟慧业	贾敬元
乔开元	贝英全	陈有平	高秀林	邬堂利	李志	董殿江	代桂萍	张明	安玉华
李元馥	葛传宝	关增伟	张毅光	岳丽中	李学志	丁鹍	夏冰	张强	龚花强
杨卫东	徐逢治	张超	朱建华	朱琦	朱海念	孟凡东	邓卫	曹一峰	庄贺铭
徐友全	陈文	林峰	张国强	范鹏程	付培锦	刘轩锋	郑付波	齐立刚	许继文
李世钧	陈辉刚	于清波	潘东军	金永满	王华	刘岩田	赵于平	李汇津	李玉顺
艾万发	曹达双	陈贵	章剑青	丁先喜	孙桂生	张玉	瞿燕明	戴子扬	靖崇祥
李向上	王成武	于志义	薛青	韦文斌	王健	肖云华	王晟	荆福建	翟东升
蔡东星	顾春雷	王建国	陈磊	盛大全	张孝庆	宋执新	戎刚	张训年	郑文法
吕艳斌	高淑微	李建军	张弓	邵昌成	王伟东	吕艳斌	杨杰涛	阮建中	蒋廷令
单志伦	晏海军	包冲祥	谢震灵	丁维克	杨小伟	林建平	贾明	叶江	林俊敏
程保勇	刘立	卢晓文	林俊敏	缪存旭	张冀闽	卢煜中	洪开茂	姚双伙	沈和林
刘晓苍	饶舜	林金错	林剑煌	孙惠民	耿春	李振文	蒋晓东	朱新生	顾保国
朱泽州	邹敏	黄春晓	李广河	张存钦	方永亮	刘治栋	王红慈	周佳麟	汪成庆
秦永祥	徐赜	夏明	董晓伟	杨泽尘	屠名瑚	罗定	张小妹	邓庆红	胡志荣
谢扬军	贺志平	孙成	肖学红	方向辉	张伟光	李旭	徐柱	黄沃	许先远
赵旭	吴君晔	刘伟	毕德峰	黄隆盛	李永忠	吴林	高旭光	黎锐文	黄琼
付晓明	邹涛	周国祥	刘振雷	马克伦	刘君	龚昌云	王洪东	李锦康	莫细喜
杨荣	陈群毓	马俊发	雷开贵	冉鹏	史红	谭敏	胡明健	付静	刘潞
王昌全	陈强	周华	薛昆	蒋增伙	涂山海	蒋跃光	张一鸣	任刚	杨丽
王锐	杨宇	付涛	张勤	张雷雄	商科	申长均	阎平	王斌	谭陇海
童建平	姚泓	张平	范中东	杨卫	王红旗	魏和中	晁天宏	薛明利	赵世清
周文新	王振君	蔡敏	刘爱生	韩蕾	宋兰萍	曹志勇	任杰	吕天军	李明安
陈志平	黄强	王红	程凯	孙利民	董入文	刘德海	朱锦荣	范雷	刘金岩
姚海新	周树彤	刘玉梅	张惠兵	梁耀嘉	姜艳秋	王岩	祁宁春	孙玉生	李斌
汪国武	麻京生	彭晓华	邓涛	单益新	朱峰	陈怀耀	姜鸿飞	李慧媛	董晓辉
任守国	黄劲松	李忠胜	魏平	韩春林	汪成	葛勇	张国明	李荣健	李明华
周金辉	刘伊生	何红锋	姜军	王雪青	张守健	王早生	王学军	温健	

监理企业标准化工作对服务质量提升的探讨

浙江江南工程管理股份有限公司

引言

当前，建筑业已由快速发展进入高质量发展的阶段，工程监理行业以市场化为基础、信息化为支撑的多元化服务为方向，积极打造智力密集型、技术复合型、管理集约型的工程建设咨询服务企业，但建筑行业项目管理标准化、规范化的进程还相对滞后，项目管理/监理尚未全面实现标准化、信息化发展。项目管理标准体系的不健全和标准的不完善影响了工程项目管理领域的健康发展。就监理行业而言，目前标准化建设还存在诸多问题，具体表现如下：

1. 监理企业对标准化重视程度不够，对该项工作缺乏积极性。未能理解监理工作标准化的内涵，及其对于提升管理水平、提高工作效率、降低项目运作成本、全面实行管理目标的重要意义。

2. 人员综合素质不高，标准化工作执行效率低。缺乏同时具备管理和技术的综合管理人才，项目绩效考核未能真正落实执行，未能真正进行 PDCA 闭环管理，致使标准化执行效率低。

3. 对信息化管理手段认知和重视程度不够，致使标准化管理推广工作受限。随着"互联网＋"、物联网、云计算、大数据等信息技术的快速发展，信息化管理、智慧化咨询成为工程咨询企业的核心竞争力。但信息化投入风险、技术壁垒等障碍致使以业务标准化为基础的信息化工作在传统监理企业推广受限。

标准化＋信息化赋能行业良性发展，标准化、信息化作为提升企业服务质量、项目管理效能的持续性工作，监理企业应在自身业务管理、现场管控、管理方法、管理工具和手段上创新提升，构建企业标准化管理体系，以信息化为支撑推行工作标准化管理，提高企业自身管理和业务素质，规范现场管控，进而提升监理工作水平，实现高质量服务。

一、监理企业标准化管理体系建设

公司基于企业现状、需求与期望进行深度分析，结合未来战略发展规划，明确标准化方针与目标，持续梳理、构建科学系统的企业标准化管理体系，保障持续提供满足国家法律法规和业主要求的高质量产品和服务。

公司标准化管理体系按照业务、岗位、管理三大主线，编制相应的标准手册，形成标准体系量化指标，并借助企业信息化形成可视化的流程和表单，以提升标准服务的质量，实现"标准化""信息化"的融合。

公司将标准化管理体系与质量、环境、职业健康安全管理体系紧密结合，在现有标准化的基础上，开展"三体系"宣贯认证工作，并将现有标准体系文件中涉及质量、环境、职业健康安全相关的标准按照 PDCA 循环模式进行整合、归并和升华。公司以标准化工作为基础建立"三体系"并有效运行，通过"三体系"运行进一步完善标准化工作。

二、监理企业标准化服务实施路径

经过多年的探索与研究，公司坚持以打造"项目服务标准化"为基本出发点，通过企业的设计策划与管理举措为实现服务标准化提供保障，并借助信息化支撑企业实现项目服务标准化。

三、监理企业标准化服务项目实施及成效

（一）项目服务标准化

1. 形象建设

公司根据企业品牌建设需求，设计标准化、统一化的展板及宣传栏等品牌形象，项目部办公形象、员工工作形象。各项目部根据项目服务类别、类型、建设整体风格、所在位置、临建设施风格、客户需求等因素综合考虑本项目部的形

象建设。

根据公司标准化建设要求，项目部办公形象主要包括办公环境、办公用品、仪器设备、制度职责牌、办公室门牌、项目部铭牌、项目展示图等。员工工作形象主要包括配备统一的安全帽、工装、工作牌等。

2. 规定动作标准化

1）项目实施，策划先行

项目部进场后，项目负责人需组织项目人员根据服务项目特点制定相应的项目实施策划方案。通过项目策划，重点明确项目部组织机构与人员岗位职责分工，技术管理要求，质量、进度、投资、安全、风险、档案信息等管理要求及要点，团队学习与培养规划等。同时，策划方案经审批后，由项目负责人组织进行交底，对公司的规章制度、策划方案的内容、项目的建设要求等进行宣贯。

2）标准动作规范化要求

项目部人员依据公司工作标准、系列标准化指导文件，遵循建设工程监理工作程序，工程质量、进度、造价控制、生产安全管理、合同管理等程序，在工作交底、图纸会审、例会、规划、细则等文件的编制，报审文件审核审批，日常巡视、平行检验、旁站、试验、验收、资料管理等各个环节实施标准化动作。

3）样板引路，示范引领

公司自2017年开始试点推行企业标准化、信息化管理，坚持走"样板先行、标准固化、全面推行"路线，推动全过程项目服务工作标准化、规范化、科学化。

（1）服务标准实践与研究

通过样板项目的贯彻实施，落实公司标准化服务的工作要求。在实践中研究解决样板推行工作中的困难和问题，

总结和优化服务标准，为公司全面推行标准化服务提供可推广、可复制的经验，不断提升项目服务能力。

（2）创新手段先行示范

公司充分发挥样板项目自主创新工作能力，把创新管理理念落实到项目技术、生产、管理等方面。在传统监理工作方式基础上大胆改革创新，先行借助公司研发的"江南E行、DIS、危大管控系统"等信息化手段，以及无人机等工具进行项目现场质量、安全、进度方面的管控，进一步强化监理服务的工作质量，提升人员的创新工作能力。

（3）经验总结与课题研究

经验积累和创新能力是公司源源不断发展的动力，样板项目在实施标准化服务工作过程中，积极总结自身项目经验、标准的合理性与改进建议，业主的评价，可推广的管理理念和创新手段等，并形成可传播的总结文件。

公司自2017年以来，已实施4批次总计100余个样板项目，先后形成内部技术总结汇编、外部公开专刊等成果文件。在样板项目的引领下，近3年公司参建项目获得国家级奖项20余个。

（二）服务保障标准化

为保证项目服务标准化，公司在以下方面推行了标准化管理：

1. 人力资源保障

1）人员配备

公司根据《人员配备标准》等标准化文件，结合服务工程合同约定的内容、期限、工程特点、投资规模、不同阶段、技术复杂程度和服务费用等因素综合分析派驻项目监理机构的组织架构、数量和监理人员结构比例，并借助公司数智化平台进行动态调派管理，保证项目人力资源的适用、精简和高效。

2）人才培养

公司自2005年开始先后成立了江南管理学院和江南研究院，为企业人才培养搭建了总公司、分公司、项目部三级学习培训体系以及专兼结合的管理架构，相继创办基石训练营、常青藤计划、项目咨询师培训班等。在企业品牌建设、企业文化传播、名师名课建设、员工技术能力提升、项目团队建设、课题研究、技术成果积累等方面取得了瞩目的成绩，进一步为项目提供专业、优质的服务。

2. 项目三级考核管理体系

公司建立了事业部季度项目巡查考核、分公司双月度巡查考核、项目部月度自查的三级考核管理体系，制定了相应的管理办法，根据不同项目类型、项目服务类别编制了各类项目考核细则，通过严格的考核巡查保障监理服务符合公司标准化要求，保证顾客满意度。

3. 后台服务保障

1）信息数据保障

多年来公司重视项目数据信息和资料的整理与收集，相继建立专业数据库和云知识库。专业数据库涵盖体育、医院、剧院、酒店、学校等项目类型的基本信息、材料设备品牌、造价、供应商等数据信息；云知识库由14大类、160多个子类组成的大型文档库。数据库为员工提供更为便利的知识获取及问题解决途径，为业主提供专业、高效、精准的数据信息参考。

2）技术支持保障

公司秉承"小前端、大后台"的管理理念，借助信息化整合公司内外部大量的专家资源，建立了云专家库，并通过数智化平台为项目提供流程化、标准化和规范化的技术支持，提升公司、项

目部整体的技术服务水平和质量。

（三）标准服务信息化

1. 项目服务标准化

在满足传统监理工作的基础上，公司借助信息化管理手段加强对项目运行的管控，提升项目服务质量，全面推行人脸识别考勤系统，并相继开发"江南E行、DIS、危大管控系统"等网页端及移动端应用以辅助现场监理日常工作。

1）考勤系统——到岗履职规范化

为切实加强项目部人员的到岗履职管理，公司自2017年开始全面推行人脸识别考勤系统，全员纳入考勤系统，并以此作为工资发放的依据。同时考勤数据同步给项目业主方，最大限度地保障项目人员的工作履职。

2）DIS系统——验收标准数字化

项目人员通过DIS系统采集信息点，图文并茂地标示材料设备、工艺工法、现场管理要点信息等，通过对各项目展示库的后台数据抓取，形成电子样板库、材料设备信息库以及标准化现场管控要点等，在现场通过二维码实现分享，指导现场监理工作。

3）江南E行系统——项目巡检移动化

"江南E行"移动巡检用于记录项目施工过程，实现现场监理工作信息化和项目数据汇总。

（1）验收节点标准化

江南E行系统预先设定需要巡视检查及验收的工作内容，主要包括材料设备进场报验、桩基、基坑支护及开挖、混凝土结构主体、钢结构等，每项内容分解具体的管控节点，实现监理人员工作内容及验收节点的标准化要求。

（2）问题闭合流程标准化

项目人员日常监理巡视检查、平行检验、质量安全验收等各环节需借助移动巡检系统进行相应的记录，对于发现的质量安全等问题，通过问题发起、流程提醒、问题整改闭合等实现流程化工作。同时，对项目巡检记录及问题处理实现共享，创造协同的工作场景。

（3）工作电子化、共享化

系统根据日常巡检记录及问题处理生成日报，在实质上等同于监理日记，辅助项目负责人、建设单位及时掌控项目监理情况，提高了信息传达的及时性和准确性。在系统后台，巡检数据将与标准化的项目管理结构框架进行绑定，实现对项目质量的细化分析和智能结果评判，形成项目级质量管控台账，大大提高了项目现场整体质量管理的能力。

4）危大管控——安全预控智能化

危大管控系统用于现场安全管控及安全风险预警。监理人员通过采集现场危大工程数据并在公司数智化平台进行维护，系统按照危大工程具体实施时间自动触发预警信息提醒项目监理人员，并将危大管控系统与江南E行系统进行数据整合，实现危大工程实施全过程的记录与管控，从而提升企业对各区域项目的风险管理、提升项目监理人员对施工现场的安全风险管控。

项目人员通过现场管控标准化＋信息化，实现各级管理者对现场监理工作的有效管控和指导，实现监理行为标准化、监理过程流程化、监理结果可视化，进而促进项目监理工作的精细化管理，提升监理管理工作水平。

2. 企业管理标准化

1）项目策划智能化

在项目进场准备阶段，借助数智化平台，项目负责人需对项目成本，项目质量、进度、安全、投资等目标进行分解上报，公司各事业部对项目成果的类型、内容、完成时间以及文件等进行策划分解；数智化平台根据预设的策划时间对项目负责人进行阶段性的提醒，保障项目各阶段的策划内容有效实施。

2）项目考核数据图形化

公司采用线上线下相结合的方式，通过数智化平台整合江南E行、DIS、危大管控等系统以及人员考勤等数据，对公司各事业部、各分公司的巡查考核记录，以及项目部日常巡检数据进行统计分析展示，量化考核工作，实时把控现场动态，使项目处于可控状态。

3）项目部、分公司、公司互动流程化

公司借助数智化平台，实现公司、分公司、项目部各级办公流程化，在项目技术支持、培训学习、技术文件审批、工作总结报告等方面实现流程申请、各级审核审批反馈，提升各级工作效率。并提供平台流程、企业微信服务号、企业微信视频培训、公司视频会议系统等多途径的工作方式。

结语

公司深刻把握宏观环境的变化，紧跟国家政策导向及行业发展趋势，辅以信息化手段全面推行企业标准化管理，切实提高了项目标准化服务水平，尤其是信息化效能工具的开发和使用，确保公司管理工作深入现场，工程咨询服务保质保量及时完成。

目前，企业正处于新的五年战略规划布局的关键时期。未来，将持续开展标准化工作策划、推广、总结、优化的PDCA循环，提高企业整体管理水平，有效提升项目服务质量。

浅谈建设监理企业信息技术应用实践

山西神剑建设监理有限公司

摘　要：当前，随着信息化技术的深入发展，监理企业在各项业务上需逐步提升高科技、智能化信息技术的引用和应用水平。公司以此为契机，于2016年与深圳大尚公司建立信息化技术合作关系，成功引入"智慧工程——建设工程管理信息系统"，采用信息化技术协助管理各项目建设工程监理工作，通过多年的信息化技术应用，对优化各项目现场监理人员作业和精细化企业对各项目的管理，均发挥了明显的促进作用。

关键词：工程信息化；技术管理系统；精细化管理

做好建筑工程监督管理工作，首先应明确工程监理人员承担着非常重要的项目监理责任，其次需要提供专业化的监理服务，依托各项工作标准，在建设单位的委托下，实施工程监理。监理工作将贯穿项目施工的全过程，同时也是工程项目顺利实施的重要保障和关键一环。如质量控制、进度控制、投资控制、合同管理、安全管理、信息资料的归档和管理，参建各方的信息沟通与协调等，都是做好工程监理的重要工作内容。当前科技发展水平日新月异，随着信息化技术的深入发展，监理企业在各项业务上需逐步提升高科技、智能化信息技术的引用和应用水平。山西神剑建设监理有限公司以此为契机，于2016年与深圳大尚公司建立信息化技术合作关系，成功引入"智慧工程——建设工程管理信息系统"，采用信息化技术协助管理各项目建设工程监理工作，通过多年的信息化技术应用，对优化各项目现场监理人员作业和精细化企业对各项目的管理，均发挥了明显的促进作用。

一、关于山西神剑建设监理有限公司

（一）山西神剑建设监理有限公司成立于1992年，目前公司在职员工854人，国家注册监理工程师86人，专业监理工程师505人，是具有独立法人资格的专营性工程监理公司。公司具有房屋建筑甲级、机电安装甲级、化工石油甲级、市政公用甲级、人防工程乙级、电力工程乙级、水利水电工程乙级等工程监理资质，以及山西省环境监理备案资格，并通过了质量管理体系、环境管理体系和职业健康安全管理体系三体系认证。

（二）公司很早就开始探索管理信息化在项目监理工作中的应用，在企业内部明确工程监理部专门负责监理信息化建设，有效地推动信息化技术在建筑施工监理方面的应用。同时，也为信息化应用制定了一套行之有效的考核标准，从而让监理信息化执行更具规范性和科学性。

二、工程信息化技术管理系统应用

公司于2016年引入深圳大尚公司的"智慧工程——建设工程管理信息系统"以来，进一步实现了各项目监理部与公司总部之间的管理互通。在2018年系统升级后，监理人员在项目过程中的工作记录内容更加丰富和精细，企业管理也增加了汇总统计和分析功能。

（一）企业端项目信息

通过系统企业端，公司能够全面掌控在监项目实施情况，如项目管理、物资管理、人力资源、考勤管理、合同管理、知识库、资料管理、办文中心、经营分析、考评管理、教育培训、企业信息等。在企业端首页呈现了公司各项动态信息的数据汇总，可以根据需要选择保留或者增加相应的数据统计信息，方便公司各职能部门随时提取相关数据。如项目概览：对公司项目进行数据汇总，包括项目总数、在建项目数、停工项目数、已完工项目数等信息。

1. 项目地图展示

将公司项目按照地域进行分类汇总，根据项目的进展情况使用不同颜色在地图上进行标注，方便总部对项目的分类管理工作，同时便于直观地了解公司项目的地域信息。

2. 项目管理

包含了公司全部项目台账，数据均来自智慧工程项目端，统计数据包括：合同金额、建筑面积、人员分布、合同款支付统计、安全检查、危险源统计、质量检查、工程变更等，可快速查找需要查询的相关信息。

3. 项目情况统计

可实时检查项目工作情况的汇总数据。公司职能部门可以随时检查各项目的工作情况，包括：日记、日志、安全巡检、质量巡检、旁站、工作联系函等，同时可以直接进入项目管理界面检查项目的各项工作完成情况。还可通过人员列表功能对项目相关的监理人员进行管理，对该项目监理部的机构架构进行设置。

4. 物资管理

包含了入库记录、出库记录、库存管理，方便了物资管理部门对公司的办公设施及用品等物资进行管理。

5. 人力资源

包含了组织管理对本企业组织架构进行设置，对本企业所有岗位权限进行维护，在岗位列表中对岗位进行编辑、分配人员，配置权限等。

6. 人事档案管理

企业全体人员的基本信息、工作经历、培训记录、身份证、注册监理工程师证、省级监理培训证、职称证等详细数据，为人力资源的分析及人员个人从业发展规划提供参考。

7. 证书管理

人员证件信息进行独立归档整理，信息来源于人员基本信息录入，对证件的注册专业、有效期、使用状况进行汇总，并对即将到期的证件给出预警提示，以便及时延续注册，方便了人员证书的管理工作。

8. 考勤管理

考勤功能主要用于企业人员打卡、请假、出差、加班、外出、异常申诉、补卡等业务，对考勤汇总、考勤明细、审批记录、异常考勤等进行统计，便捷了员工考勤管理。通过对人员的考勤设置，在规定的时间段打卡并统计到员工考勤打卡汇总中，可完全使用智能手机进行操作，代替了传统的指纹或门禁考勤，方便了员工的考勤和管理。

9. 合同管理

包括合同台账、回款管理、发票管理。可快速查看公司项目的合同信息、监理费支付情况、发票明细，方便总部对公司合同的日常管理。设定项目监理费收取提醒功能，及时提醒督促相关负责人催收监理费。

10. 知识库

将国家、地方法律法规标准，以及公司的各项管理制度及专业技术文件分类汇总，方便各项目监理部及时下载学习。项目监理部可将经总部审批同意后本项目涉及的新技术、新材料、新工艺、新方法施工工艺进行上传，企业全体人员均可下载学习，促进了企业总部及各项目监理部之间的学习交流。

11. 资料管理

文件分类管理，检索方便；分为总部资料、项目资料和管理资料，提高了总部对项目监理部的工作资料管理的工作效率；文件数字化存储，便于日后多方检索和分析。

12. 永久存储

文件存储在云端，随时随地查看，降低存储成本，更快、更方便地查询相关资料。

13. 办文中心

包括将项目的各项审批工作，从项目印章的刻制申请，项目办公、生活保障物品的申购、配发，到公司通知公告等全面实现无纸化办公，都降低了运营成本，大大提高了工作效率。

14. 经营分析

对公司各项管理数据进行归类分析，包含项目概况统计明细、人员分布明细、合同款支付统计、安全管理、质量检查、工程变更等。

15. 项目概况统计数据

包括所在省市、占地面积、建筑面积、合同金额和投资金额。

16. 企业资讯

将公司动态资讯信息实时公布，并在电脑端（PC）首页进行滚动，方便员工时时关注公司近期新闻动态。

（二）项目信息管理做到同步记录

监理人员在项目现场日常工作内容较多，留存的记录内容较少，记录到监理日志的就相对更少了。尤其一些大型的项目现场监理人员较多，工作内容全部记录到监理日志也不现实。但是实施过程的原始记录又非常重要，是监理人员的工作痕迹和履职证明。万一出现纠纷，完整的工作记录是对监理工作的一个强证。

智慧工程的项目PC端包含了安全管理、质量控制、进度控制、物资管理、人力资源、考勤管理、合同管理、知识库、资料库、信息管理、业务辅助、办文中心、图纸管理、考评管理等主要模块。项目端的首页汇总显示本项目的各项数据，同时显示企业资讯信息同步于企业端的企业资讯；通过智慧工程现场端的工作职能分解可以使监理人员对现场的各项管理工作有更清楚的了解和掌握，如安全管理工作包含安全管理组织、危险源管理、安全管理制度、专项施工方案、监理规划/细则、特种作业人员管理、危大工程管理、安全技术交底、安全检查、材料管理等，促进现场安全管理工作全面开展。质量控制包含质量管理制度、专项施工方案、场地工作面移交、监理规划/细则、质量巡检、工程验收、材料管理、工程测量、技术交底等工作内容。资料库包含自动归档功能及文件分类管理，检索方便，各项目监理部可按当地实际情况，使用本省的归档目录，实现监理文件资料按照管理文件、质量控制、进度控制、安全管理等进行详细的分类，方便监理人员的工作查询，并促进监理工作的可追溯性。业务辅助模块对工程的单位工程进行划分，实现分单位工程资料归档。

手机端APP包含了质量检查、安全检查、形象进度、平行检验、旁站监理、日记日志、晴雨表、工作日程等功能。通过手机端APP应用，可实现随时随地查看工程计划进度与形象进度对比，便于统一工作目标和协同工作；实时接受相关的安全管理工作提醒，比如重大危险源施工、极端天气提醒等；资料自动归档，文件分类管理，项目监理人员的日常工作等，基本可以做到工作信息同步记录，每个人都有自己的工作台账，方便反馈和跟踪工作内容。比如，在日常巡检中发现一个问题，通过拍照记录发送给问题处理人员后，在规定时间督促对方进行整改，并对整改结果进行复核，能够完整地在系统里面记录。这些日常工作内容，可以同步到每天的监理日记中。公司要求每位项目监理人员都要通过手机端APP编写单独的监理日记，每日提交。通过这个小小的习惯，提醒大家今日事今日毕，事必有果，责任到人。项目总监可以通过手机端和电脑端及时查看和统计这些信息内容，加强对项目监理机构各成员的工作管理。工作考勤包括移动打卡、人员实时定位；考勤异常申诉、请假、外出登记；移动审批；处理考勤报告；工作成果考勤等。项目监理机构的各类各项管理信息资料，总部在企业端随时查看，方便公司了解和分析项目实施情况，便于管控和纠偏。

（三）项目监理人员的管理

公司对项目监理人员设有选拔标准和考评要求，比如考勤和日记管理，还有定期的人员学习和考评。在使用信息化管理之前，这些工作都是人工处理，时效慢，人力耗费大。在引入信息化技术管理之后，人员考勤更便捷了，基本涵盖了项目监理人员可能出现的各类问题，很好地解决了人力部门的考勤管理问题。例如，手机端APP移动考勤，实时定位打卡，根据项目特点分别设定考勤工作时间，加班、外出、事假、病假、出差、异常申诉等。

人员的继续教育和考评。建设监理是一个高度依赖监理人员技术能力的行业，打造高素质队伍对项目监理水平和质量都有非常重要的作用。公司建立了完善的学习和考评制度。在引入信息化技术管理系统后，学习和考试大部分都可以在线完成，并且学习资料均可在线观看，方便人员随时学习；同时，最新的行业规范、标准等资料可以通过系统的知识库来查询下载，解决了监理人员对相关知识的学习需求。公司号召创建学习型监理企业，尽全力使学习渗透到"神剑人"的习惯中，提供知识内容的更新和学习互动，提升"神剑人"的自主学习能力，让"神剑人"掌握更多的计算机应用、互联网、监理信息化管理等方面的知识，提高"神剑人"的信息化技术应用技能，打造新一代监理人才队伍。

（四）企业管理信息化

信息化工程监理不断体现出其必要性和重要性，作为监理企业要强化建设单位与监理单位间的密切沟通，明确监理的性质、作用和工作方法，进一步促进信息化技术管理的应用与开发。管理信息化已经成为当今社会广泛接受的创新方式，在推广和应用中都需要各类更多的企业带头，企业需要厘清管理的目的和目标，选择适合自身的信息化系统来支撑信息化的执行，公司在信息化管理方面也在不断地探索和学习，希望有机会可以与大家共同学习和交流。

钻孔咬合桩施工技术刍议

陈士凯

浙江江南工程管理股份有限公司

背景

（一）工程概况

项目位于深圳市福田区，为新建综合楼工程，建筑面积19710m²，其中地下一层为停车场，一层为架空运动场，二至六层为教学用房、风雨操场、办公用房，框架结构，抗震等级二级，设计使用年限为50年。基坑东西长88.00m，南北宽49.00m，开挖深度为6.80m，基坑支护采用咬合桩＋内支撑形式，基坑北紧邻5~7层民房，距离民房约6.60m，东距道路7.00m，南侧紧邻1栋6层教学楼，距基础4.10m，西侧紧邻多栋民房，距建筑边线5.50~7.00m。根据周边建筑物重要性要求，邻近民房、教学楼的基坑变形监测按一级标准控制，其余按二级标准控制。

（二）桩基参数

钻孔咬合桩采用全套管施工工艺，桩数350根，桩长9.6m，桩径1m，荤桩为水下C30混凝土灌注桩，充盈系数不小于1.0，坍落度180~220mm，钢筋笼长等于桩长度，主筋HRB400，20Φ25，锚固长度35D，加劲箍HRB400，Φ16@2000mm，螺旋箍筋HPB300，Φ12@150mm，保护层厚度50mm；素桩为水下C20混凝土灌注桩，荤素桩咬合量200mm，素桩采用超缓凝混凝土，初凝时间不小于60h。

（三）地质特征

根据拟建场地勘察报告显示，地下水位埋深1.60~2.10m，在勘探范围内地层自上而下有人工填土层、第四系冲洪积层、第四系残积层和燕山期花岗岩岩层，地层分述如下：

1. 人工填土层（Q^{ml}）：褐黄色，稍湿，松散，主要由黏性土层中存有些孤石，顶部0.3m为水泥板，堆填时间大于10年，自重固结基本完成，该层场地钻孔均见及，平均层厚2.23m。

2. 第四系冲洪积层（Q^{al+pl}）：①粉质黏土，褐黄色、褐灰色，可塑~硬塑，不均匀夹大量砾粒，厚度0.50~3.10m，平均1.14m；②细砂，黑色、灰褐色，饱和，稍密状，不均匀夹少量黏粒，分选性较差，平均层厚1.13m。

3. 第四系残积层（Q^{el}）：砾质黏性土，褐黄夹褐红色，可塑~硬塑，是由花岗岩风化而成，原岩结构尚可辨认，砾粒约占20%~30%，该层场地钻孔均见及，平均层厚6.49m。

4. 燕山期花岗岩（$\gamma 5^3$）：全风化花岗岩，褐黄、褐色，坚硬土，原岩结构基本破坏，除石英外其他矿物均风化成高岭土，岩芯呈土柱状，岩质松软，遇水崩解软化，属极软岩，该层场地钻孔均见及，平均层厚4.69m。

一、重难点分析

基坑周边环境复杂，桩基紧邻民房及教学楼，空间狭小，施工难度大，民房及教学楼为20世纪90年代建筑，为天然基础，砖混结构，对地基不均匀沉降非常敏感。在基坑施工时，若发生咬合桩位移形变、桩壁渗水，极易导致基坑周边地基下沉，使紧邻民房和教学楼等出现开裂，从而产生重大安全问题。所以钻孔咬合桩的技术控制，特别是桩身截水防渗控制，是重中之重。

二、施工前的工作准备

（一）施工工艺流程

施工准备→测量放线→混凝土导墙施工→钢筋笼制作→套管起吊、就位、沉管→钻进取土→清除孔底→验孔→钢筋笼安装→安放导管→浇灌混凝土→拔除导管及套管→钻机移位。

（二）开工前技术准备

根据设计图纸、勘察报告、工艺流程、施工合同等编制施工专项方案，施工单位内审完成后提交监理单位审核。监理根据设计图纸，对照专项方案，结合规范规定进行针对性、可行性审核，经总监理工程师签字确认后作为工程的施工依据。在施工前落实好施工人员的技术交底工作，做到责任明确，技术到位，使其掌握咬合桩施工技术的重难点，确保桩基工程质量控制有序展开。

（三）机械选型及进场检查

根据咬合桩施工图及岩土工程勘察报告，施工机械选型为：ZR360C 型旋挖钻机、SK460-8 型液压振动锤、XCT25L5 型流动式起重机。施工机械进场后，首先重点检查机械的出厂合格证、环保检测报告、运行记录、保养记录等资料是否齐全有效，确认是否处于安全可控状态；其次检查型号是否与报验资料相符，在机械安装完成后组织相关人员进行联合验收，经验收合格后签核施工机械进场报审表，并挂牌准许使用。

三、咬合桩技术控制

（一）咬合桩工艺原理

咬合桩采用全套管钻孔法施工，在荤素桩之间形成相互并列咬合的基坑围护结构。通常按：素桩 1→素桩 2→荤桩 1→素桩 3→荤桩 2 的顺序组织施工，即先连续间隔施工素桩 1、素桩 2，然后在素桩 1、素桩 2 之间施工荤桩 1，再施工素桩 3，在素桩 2、素桩 3 桩间施工荤桩 2，依此顺序进行施工。素桩采用全套管振动冲击沉管法切割土层至桩底标高，在成孔验收合格后浇灌 C20 超缓凝混凝土，荤桩在相邻素桩混凝土初凝前同样采用全套管法施工，即切割掉相邻素桩相交部位的混凝土，实现荤素桩咬合搭接，满足咬合桩支护截水设计效果。

（二）导墙工艺控制

为提高钻孔咬合桩准确桩位，在桩顶上部施工混凝土导墙，具体步骤如下：

1. 首先平整场地，清除地面表层的杂物。

2. 测放桩位中心线，根据控制点进

行放样，作为导墙施工控制中线。

3. 控制中线符合后进行沟槽开挖，开挖结束后立即将中线引入沟槽，以控制底模及模板施工，确保导墙中心线准确无误。

4. 导墙每侧宽为1500mm，厚300mm，钢筋为 HPB300，直径 12mm，纵横向间距 200mm，混凝土强度为 C20，经验收合格后，即可进行模板支设和混凝土浇灌。

（三）钢筋工程控制

1. 检查钢筋品牌是否符合合同规定，规格型号是否满足图纸设计要求，表面不得有裂纹、油污、颗粒状或片状老锈等缺陷，附有质量证明文件，经现场取样送检复试合格后使用。

2. 钢筋笼主筋的数量及长度应按图纸要求下料，满足单面焊10d要求，焊缝饱满连续，每个断面接头数不超过主筋总数的 50%，错开间距不小于 35d。加强筋弯曲成型，满足单面焊 10d 要求，箍筋采用点焊形式，控制好间距。垫块沿钢筋笼四围均匀布置，每层间距按 3m 设置一道，每道设置 4 块。

3. 钢筋笼验收应符合规范要求：主筋间距 ±10mm，箍筋间距 ±20mm，笼径 ±10mm，笼长 ±100mm，经验收合格后做好标识，方可使用。

（四）振动沉管技术控制

1. 施工前应在平整地面进行套管顺直度及长度检查。首先检查单节套管的顺直度，其次套管长度按比桩长 1.5m 进行配置，再进行套管焊接，最后对整体套管进行顺直度验收。

2. 液压振动锤就位，咬紧套管端部起吊对准桩位，调整套管垂直度，再启动振动锤进行振动冲压，使套管与岩土接触部位产生分离，套管在自重及压力作用下强制冲切岩土，深度超出桩底标高 0.5m 为止。

3. 在振动沉管过程中，必须加强套管

垂直度的监测，在地面选择两个相互垂直方向，采用激光铅垂仪对地面以上套管的垂直度进行全程监测，发现偏差随时及时纠正，确保垂直度不大于 1/300，也是保证荤素桩相互咬合，达到截水防渗设计目的。

（五）钻进取土、清孔控制

1. 钻机就位后调整桅杆角度，将钻头中心与钻孔对准放入套筒内，调整钻机垂直度参数，使钻杆垂直。当钻头下降到预定土层后，旋转钻斗并施加压力将土挤入钻斗内，仪表自动显示筒满时关闭钻斗底部，提升钻斗将土卸于堆放点，通过钻斗的旋转、削土、提升和卸土，反复循环直至成孔。

2. 钻孔施工过程应尽量避免钻头碰撞套筒，当遇到夹砾石或旧基础时，应采取轻压慢钻方式，防止钻机桅杆出现较大晃动，影响成桩效果。

3. 当钻孔深度达到设计深度要求后，需及时对孔内沉渣进行清除，确保沉渣不大于 20cm，然后会同监理人员采用测绳对桩孔深度和沉渣厚度进行验收，验收合格后同意下一道工序。

（六）钢筋笼及导管安装

1. 为减少孔口焊接时间，钢筋笼的吊放利用汽车机将钢筋笼一次性起吊垂直放入孔中，钢筋笼下放至设计标高后检查其固定情况，钢筋笼应牢固定位，确保在灌注混凝土过程中不掉笼、不浮笼，利用钢筋笼垫块保证钢筋笼轴线与桩孔中心线重合，确保保护层偏差不大于 ±20mm。

2. 导管在安装前要检查其外观质量及其接头的密闭性，确保导管管壁无变形，管接部位密封良好，用吊车将导管吊入桩孔钢筋笼内，分节安装，位置保持居中，导管下口与孔底距离控制在 30~50cm 范围内。

（七）混凝土浇灌、拔管移机

1. 上道工序经监理验收合格后即可进

行混凝土浇灌，浇筑时重点查看进场混凝土配合比强度是否满足设计要求，素桩混凝土是否掺入一定量的缓凝剂使初凝时间不小于60h，混凝土坍落度是否符合要求。

2. 混凝土浇灌过程中要经常测量孔内混凝土标高，以便及时调整导管出料口与混凝土表面的相应位置，混凝土应连续浇灌，直至高出桩顶标高1m以上，因拔除套管时留下的空隙将被混凝土填充密实，使混凝土浇灌面不断下沉。

3. 混凝土浇灌完成后即可拔除导管及套管，套管拔除时液压振动锤咬紧套管上端，先振动5~10s后开始拔管，边振边拔，每拔出0.5~1.0m时停拔，振动5~10s再拔，如此反复，直至全部拔出，经确认后将钻机转移至下一桩位。

四、施工故障技术处理

（一）套管偏斜处理

套管下沉时的垂直度控制是非常重要的环节，对咬合桩的截水起到关键性作用，特别是人工杂填土层中存有孤石，对套管垂直度控制产生很大影响，发现套管偏斜时，采取如下措施：

1. 发现套管有倾斜趋势时，立即通知机组操作人员，采取反复摇动、轻微扭或挪动套管等方式进行重新调整垂直度，使倾斜消除在萌芽状态。

2. 如桩孔垂直度超过1/300，无法靠桩机本身调整时则向孔内填砂，向上拔出套管，重新校正精度和成孔垂直度，保证套管处于可控状态。

（二）克服"管涌"措施

荤桩成孔时，素桩混凝土还处于流动状态，在荤桩孔底容易因压力差导致素桩混凝土从套管底涌入孔内而形成"管涌"，处理措施有：

1. 在荤桩成孔过程中采取缓冲轻

抓，减小对孔底土层的扰动。

2. 素桩混凝土坍落度应尽量小一些，以便降低混凝土的流动性。

3. 加深套管，使套管底标高超出素桩底0.5m，在套管内的土层产生反压作用，以形成"瓶塞"效果。

4. 荤桩成孔时应注意观察相邻两侧素桩混凝土顶面，如发现混凝土下陷则应立即停止挖土，并将套管向下压，再向荤桩内填土或注水，直至完全止住"管涌"。

（三）事故桩的处理

施工过程中，因桩机故障造成荤素咬合桩无法正常咬合而形成事故桩，即在荤桩成孔施工时，其一侧的素桩混凝土已形成凝结硬化，使套管无法切割素桩。结合勘察报告，考虑土层分别为黏性土、粉质黏土、砾质黏性土，渗水系数较小，参照以往经验，采用"硬"咬合法施工，即待荤桩两侧素桩全部终凝后，在荤桩位置引入泥浆护壁，用钻头强制切割两侧素桩及岩土，钻进成孔后安装钢筋笼及导管，最后浇灌混凝土。考虑荤素桩为"硬"咬合，必须加强混凝土和易性控制，在混凝土浇灌时利用导管上下反复插导混凝土，使荤素桩的接缝咬合密实。

五、施工效果评价

钻孔咬合桩作为基坑围护结构，其效果主要表现在截水上，主要通过控制咬合量来保证，重点过程控制。由于目前国内外无法通过检测仪器对其咬合量进行测定，对截水效果的验证需根据开挖后的实际效果进行评价。因钻孔咬合桩在施工时采取一系列控制措施，施工效果评价如下：

（一）基坑开挖前，对咬合桩采取声波透射法检测桩身完整性，共计检测18根，经对声波数据进行采集分析，依据《建筑基桩检测技术规范》JGJ 106—

2014进行综合评定：Ⅰ类桩15根，Ⅱ类桩3根。

（二）基坑开挖后，咬合桩排列整齐，混凝土表面平整，桩体密实且连续，桩间未出现开裂、夹泥等质量缺陷。

（三）荤素桩间的咬合量符合图纸设计200mm要求，除个别桩缝间存有湿润水迹外，未发生明显渗水现象。

（四）经对基坑变形监测：支护结构顶水平位移最大累计变形11mm，小于《建筑基坑工程监测技术标准》GB 50497—2019中"一级基坑及支护结构监测报警值为25mm"的规定，最大变化速率1.2mm/d，小于监测报警值2~3mm/d的规定。因此，基坑支护安全可靠。

结论

本案依托深圳某校综合楼工程所采用咬合桩案例进行技术分析与研究，由于振动冲击沉管法的施工经验少，参考文献有限，缺乏借鉴经验，经过一系列技术攻关，掌握了控制要点，取得良好成果，有如下结论值得推广：

1. 在套管拔除过程中采取边振动边拔除，使套管对已浇筑混凝土产生高频振动，从而使荤素桩咬合得更加密实，此对桩身强度及截水非常有利。

2. 考虑咬合桩桩底位于第四系残积层（Q^{el}）砾质黏性土层，套管底部采用0.5m厚土层进行反压，且未出现"管涌"现象，减少相关文献要求反压不小于1.5m做法，此对工期控制有利。

3. 因桩机故障而产生混凝土超凝事故桩，根据地质条件采取"硬"咬合法施工，未采取单侧切割未凝固素桩法施工，且在"硬"咬合外侧未增加旋喷桩进行防水处理，此对工程造价控制有利。

如何编制专业性较强分部分项工程的监理实施细则

李平樱 北京方圆工程监理有限公司

刘旭 北京兴电国际工程管理有限公司

一、分析专业特点识别专业性较强的分部分项工程

笔者认为对于一般建筑工程所包含的专业性较强的分部分项工程,一般具有如下特点:

1. 施工单位需要特殊专业资质或经验,以及通常需要进行专业分包的工程,如幕墙工程、钢结构工程、消防工程、电梯工程等,此类工程一般在施工合同中已经约定为专业分包项目,有的是建设单位自行发包工程,有的需要专门的专业施工资质,要求分包单位具有类似专业施工经验和业绩,配备具有上岗操作证和经验的相关人员。

2. 需要专门的施工机械、施工器具配合进行施工和检测。如地铁隧道工程采用盾构法施工需要盾构机,光纤链路架设需要熔纤工具,预制构件运输需要专门的工装设备,预制装配式套筒灌浆需要专门灌浆设备等。

3. 需要有经过培训的专业施工人员施工。相对一般工种从业人员操作技能要求更高,通常需要经过专门培训才能胜任。例如,防水施工操作人员过去需要经过统一培训,考试合格取得证书后方能上岗,现在虽然不需要相关部门发证上岗,但是由于经过培训后才能具备熟练操作的能力,所以企业内部还是需

要进行专业培训。再比如高压输气管道的一、二级焊缝,其操作人员也必须经过专门操作培训,考试合格取证后才能上岗。水暖电等专业施工人员也需要经过专门培训才能胜任相应工作。

4. 需要经过专业检测、调试、测试和验收,调试及验收需要专用仪器仪表,有的还需要由专业管理部门进行验收。例如电梯需要市场监督管理部门验收,消防需要进行"消检""电检"测试和专门验收,楼宇控制系统需要联合调试,地铁通信和信号系统需要联合调试验收等。

综上所述,专业性较强的分部分项工程应由具有专业资质和经验的施工单位,使用专业施工机械及工器具,由经过培训的专业操作人员施工,并需要专门验收、测试,具有这些特点中一个或者几个的工程均可识别为专业性较强的分部分项工程。

二、需要编制监理实施细则三类工程的区别与联系

按照北京市地方标准《建设工程监理规程》DB11/T 382—2017 的规定,对于技术复杂、专业性较强和危险性较大的分部分项工程,项目监理机构应编制监理实施细则。"技术复杂、专业性较强、危险性较大"三者之间既有区别,又有

联系和交叉,在实际工作中应注意区分,争取做到不重不漏。笔者认为主要区分方法如下:

1. 危险性较大的分部分项工程监理实施细则应结合施工图、危大工程清单和相关管理规定等内容进行识别和编制。住房和城乡建设部"37 号令"和"31 号文"规定了需要编制危大工程监理实施细则的工程范围,同时规定了对于不编制监理实施细则的处罚,多数地方政府建设管理部门针对37 号令发布了详细的实施办法,这是监理单位必须遵照执行的政策文件。同时,在识别危大工程时,首先要依据建设单位提供,并经施工单位投标中确认的危大工程清单,对照施工图文件进行识别确认,确保危大工程不漏项。

2. 专业性较强的分部分项工程监理实施细则主要结合施工合同、施工组织设计和监理规划等内容进行识别和编制。施工合同中反映了建设单位自行发包工程、专业分包等专业性较强项目,施工组织设计中制定了专业工程施工和各专业施工配合的相关要求,监理规划中列示了监理实施细则的编制清单,这些都是识别和编制专业性较强的分部分项工程监理实施细则的直接参考依据。

3. 技术复杂分部分项工程监理实施细则主要结合项目监理机构的需要编制。对于相同的分部分项工程,不同的项目监理

机构和不同的总监理工程师可能要求不尽相同,没有相关监理工作经验的项目监理机构认为技术复杂的,可能在有相关经验的总监理工程师看来并不复杂,也就不需要编制监理实施细则。监理实施细则编制的目的是指导监理具体工作,应该由监理工作需求特点和总监理工程师的判断做出决定,没必要循规蹈矩,墨守成规。

4. 有的分部分项工程同时具备技术复杂和专业性较强的特点,甚至有的又同时具备危险性较大的特点,笔者认为不必纠结于到底属于哪一类分部分项工程,一般处理原则是:优先识别和编制危大工程监理实施细则,可以纳入危大工程管理的,严格按照相关管理规定编制,突出危大工程特点,兼顾其他特点,否则可能违反相关管理规定有被处罚的风险;其次,能够区分专业的工程、有专业分包的工程等,按照专业性较强识别并编制监理实施细则;最后由总监理工程师确定技术复杂的分部分项工程需要编制监理实施细则的范围。识别用三句话简单概括,"危险性较大按法规,专业性较强按合同,技术复杂按需要"。按照这样的原则和逻辑,基本能够保证监理实施细则不重不漏。

三、专业性较强分部分项工程监理实施细则编制要点

专业性较强的分部分项工程监理实施细则要围绕着工程特点、专业特点以及监理工作需要,有针对性地根据实际监理工作程序和监理工作步骤编制,尽量细化到监理工作所有规定动作,并保证工作开展流程顺畅,责任落实到人。切莫在编制时生搬硬套专项施工方案和施工组织设计有关内容,对施工过程和施工人员工作流程做过多描写,应

着重描写监理工作流程及监理人员规定动作。

1. 监理实施细则中的预控措施:主要是根据该分部工程的特点编制项目监理机构的预控措施。例如,如何审查施工方的施工方案,以及对该分部工程开工前施工方的准备工作进行检查和检查的具体内容等。

2. 工程质量控制点的设置:具体写明在哪里设置见证点,哪里设置停止点,以及该质量控制点到来时监理人员需要检查、验收的具体内容与操作方式。除了按强制性要求验收的项目设置停止点,项目监理机构还要对工程的难点、重点,以及容易出质量问题的地方设置见证点或停止点,写明相应的检查和监督方法。对于不同的工程,质量控制点的设置也不同。项目监理机构还要根据施工人员的不同素质设置不同的控制点。由于质量控制点设置不同,应事先对施工单位进行关于监理机构控制点设置的交底,督促施工单位了解需要注意的相关内容,在项目监理机构进行实际验收前做好相关施工内容的自检和成品保护。同时,质量控制点也可起到指导现场监理人员的作用,在该质量控制点到来时,对要检查、验收的项目有效操作和把控,以免由于工程繁杂而遗忘某项内容,确保相关监理工作顺利开展。

3. 旁站监理的相关内容:注明关键和特殊工序需要旁站监理、旁站监理的内容,以及旁站监理过程中可能出现问题的预防与补救措施。

4. 巡视检查的相关内容:明确施工过程中监理日常巡视检查的内容,用以指导现场专业监理工程师经常性巡视检查工作,让各相关方了解监理巡视检查的主控目标。

5. 突出关键点:对于专业性较强分部分项工程的重点、难点和容易出现质量或安全事故的关键点,编制内容应明确控制要点,具体说明监理机构中由谁如何进行监督、控制和检查,对可能出现的异常情况如何处理,以及对施工中可能出现的不正规做法的预防与应对措施。

6. 监理规划中可能不包含或未列全专业性较强分部分项工程的具体监理工作流程,监理实施细则要写出相关工作详细流程。监理实施细则一般由专业监理工程师编制,并经总监理工程师审批后实施。同时为弥补专业监理工程师水平与经验方面的不足,也可在监理实施细则编制完成后,由项目监理机构所属监理单位组织一批有较丰富经验的专家对重点内容进行研讨,提出修改意见再由专业监理工程师修改后,履行总监理工程师审批程序。

四、专业性较强分部分项工程监理实施细则编制的其他事项

根据专业性较强分部分项工程的特点,应针对具体工程提出相应的监理人员配置,施工单位配合人员、机械、设备等符合本工程特点的要求。由于监理实施细则主要作为项目监理机构实际操作层的指导书,所以应该更尽量翔实地向专业监理工程师、监理员等介绍专业工程监理工作的事前、事中、事后控制要点。

1. 编制前应做好技术准备工作。编制监理实施细则前应组织所有监理人员全面阅读图纸等技术文件,并提出书面意见;参加设计交底,研究审核施工单位提交的施工组织设计、专项施工方案,明确技术保障措施,安全施工措施,施工机械、设备、工具准备情况;参考以往类似工程的质量、安全事故案例;最后,根据实际情

况设置相关内容的监理控制要点。

2. 注意专业性较强分部分项工程涉及的原材料进场控制。在监理实施细则中应根据各专业国家现行规范规定，要求施工单位对用于该专业工程的主要原材料、成品、半成品、构配件和设备在进场时进行报验，经专业监理工程师进场检验后，形成进场验收记录，经合格签认后方可进场使用。相较于一般工程，在专业性较强的分部分项工程施工中，应重点着眼于特殊设备、非标设备、进口设备等设备进场前的进场验收和开箱检验。比如，在各设备专业材料进场验收过程中，应按照合同文件及品牌报审批复文件进行品牌确认，查看相关质量证明文件（包括厂家资质、合格证、检测报告等），并比对合同及设计文件的性能参数要求，检验包装、外观，进行尺寸测量、铭牌参数核对、备品配件数量核对等，需要复试的材料还应进行见证取样送检。

3. 要突出施工过程控制要点及检查重点内容。专业性较强分部分项工程监理实施细则应逐一明确监理控制要点及现场检查重点内容，例如设备相关专业的风机设备、电气设备、安防监控、火灾报警设备及给水排水器具的安装位置等，应明确检查部位和内容；综合布线系统的线缆、线管、线槽敷设方式，敷设部位和敷设路径应符合设计图纸的要求，并进行现场复核；所有末端执行设备安装应牢固可靠，安防及智能系统数据运行稳定，相关监控功能可实现；对金属风管连接法兰的安装、固定水管吊架间距、风机盘管的安装及给水排水系统塑料管道强度严密性等关键环节都应重点进行控制。

4. 要明确系统调试及验收控制要点。专业工程交接试验是标志建筑工程安装阶段工作结束，开始全面检验测试的重要工序，应合理设置控制点以判定工程是否符合规定要求，是验证是否可以通水、通电投入运行的关键结点。监理实施细则应明确下列内容：

1）审查资料准备，包括设计图纸、设备说明书、设备产品安装使用说明书。

2）检查相关人员准备，调试人员到岗情况、人员资质，各专业相关责任划分清晰（电气、暖通、智能化等专业责任划分）。

3）检查检测仪器，包括万用表、改锥、风速测量仪、温度计等检测记录（调试使用的调试仪表具有合格证明，并经过计量部门校验有效）。

4）审查现场准备工作，检查系统完整性，例如漏电开关的闭合是否到位，管道及阀门是否安装完成，阀门的启闭状态是否正确，设备的接驳、接地是否到位。

5）审查资料收集准备工作，制作测试数据记录表格。

6）审查施工单位调试进度计划。

例如，当所有空调设备单机试运行及系统调试完毕，还需与其他专业进行联调，主要涉及消防专业与楼宇自控等专业。

7）在监理实施细则中也应简述检测内容及参考标准值，例如与消防专业联调主要是在每个防火分区内使烟雾探头报警，使联动相关消防风机启动及停止运行非消防风机；与楼宇自控专业联调主要是空调设备在处于自动控制状态时，能受控于楼宇自控系统，包括启停、温度控制及状态显示。

五、建筑工程专业性较强的分部分项工程识别示例

识别出的需要编制监理实施细则的专业性较强分部分项工程，应列出清单，与需要编制监理实施细则的技术复杂分部分项工程和危险性较大分部分项工程清单，一并列入监理规划。建筑工程专业性较强的分部分项工程识别示例见表。

建筑工程专业性较强的分部分项工程识别示例表

序号	专业性较强分部分项工程名称	编制时间	备注
1	土方护坡降水工程	工程开工前	属于危大工程时按危大工程识别
2	桩基础工程	桩基施工前	有的工法可能识别为技术复杂项目
3	防水工程	地下防水工程施工前	
4	钢结构构件加工及进场质量控制	钢结构构件加工前	可能识别为技术复杂项目
5	钢结构安装工程质量控制	钢结构现场安装前	属于危大工程时按危大工程识别
6	预制构件加工及进场质量控制	预制构件加工前	可能识别为技术复杂项目
7	预制构件安装工程质量控制	预制构件现场安装前	属于危大工程时按危大工程识别
8	建筑装饰装修工程	装饰装修工程施工前	
9	幕墙工程	幕墙工程施工前	属于危大工程时按危大工程识别
10	屋面工程	屋面工程施工前	
11	电气工程	电气工程施工前	
12	给水排水工程	给水排水工程施工前	
13	通风空调工程	暖通工程施工前	
14	室外给水、排水、中水工程	室外工程施工前	
15	智能建筑与楼宇控制工程	智能建筑与楼宇控制工程施工前	
16	消防工程	消防工程施工前	
17	节能及保温工程	节能及保温工程施工前	
18	电梯工程	电梯工程施工前	

BIM技术在既有建筑中的应用思考

河北中原工程项目管理有限公司

摘　要：随着北京、天津等多地出台政策，原则上不再强制要求配置监理岗位，监理企业面临更多的发展困境，转型升级已经迫在眉睫。本文通过公司在某既有改造项目中为EPC总承包商提供BIM咨询的案例，分析BIM咨询服务成效和不足，同时深入思考BIM应用对监理企业发展的影响。

随着计算机技术的快速发展，BIM技术、AI智能等新技术、新设备不断进入建设领域，极大地改变和提升了工程管理水平，同时也对监理人员提出更高要求。作为河北省首批甲级监理企业，河北中原工程项目管理有限公司在现有工程咨询、招标代理、工程监理、造价咨询业务的基础上，自2016年成立了"PPP中心""一体化中心""信息化中心"，致力于向工程前端延伸开展PPP咨询服务，提升全过程工程咨询服务能力，加强数字信息技术应用实践，信息化中心在立足提升监理人员整体技术水平的同时，通过项目实践，探求监理企业多元化发展与BIM技术应用的契合点及努力方向。

一、项目概况

（一）项目综述

某医院病房楼装修改造项目（以下简称"本项目"）总投资约9000万元，改造面积约15000m²，地上11层。项目主要功能包括康复治疗区、护理病房、办公用房等。工程内容主要包括建筑物平面布局调整，结构梁、柱、局部楼板加固，建筑外围护的保温节能改造，内部重新装修，给水排水及消防系统、通风空调系统、电气系统等整体更新，室外采暖管道入管廊敷设，新增药品运输电梯，新增连廊、太阳能等内容。

本项目为建成30余年的既有建筑，应建设单位要求，为了完善原有建筑数据，便于移交后运维管理，同时探索BIM技术在医院项目中的全过程应用，确定EPC总承包商需采用BIM技术，公司作为EPC总承包商聘请的BIM咨询方参与建设。

本项目BIM应用及目标描述见表1：

BIM应用及目标描述　　表1

序号	精细度	阶段划分	基本应用及目标
01	LOD100	方案设计	场地分析
02			建筑性能模拟分析
03			设计方案比选
04	LOD200	初步设计	建筑、结构专业模型构建
05			建筑结构平面、立面、剖面检查
06			面积明细表统计
07	LOD300	施工图设计	各专业模型构建
08			冲突检测及三维管线综合
09			竖向净空优化
10			虚拟仿真漫游
11			建筑专业辅助施工设计
12	LOD300	施工准备	施工方案模拟
13			构建预制加工
14	LOD400	施工实施	虚拟进度和实际进度比对
15			工程量统计
16			设备与材料管理
17			质量与安全管理
18			竣工模型构建
19	LOD500	竣工和运营	竣工模型成果的评审
20			竣工模型成果的交付
21			运营系统建设
22			建筑设备运行管理
23			空间管理
24			资产管理

（二）项目特点分析

1. 本项目属于既有建筑改造项目，由于建设年代久远，项目原始信息不完整，原有设计文件与实际建筑差异较大，使用过程中经过了多次修缮、改造，周边管线情况复杂，给设计和施工都带来了较大的不确定性，增加了模型搭建难度。

2. 项目采用了以施工单位为牵头人的联合体总承包模式，项目实施过程中的绝大部分风险由总承包商承担，各联合体成员不具备应用BIM技术的能力。

3. 项目具有专业性强、功能需求多等特点。除包含常规的水电系统外，还有医疗专用的氧气、压缩空气和负压吸引系统，每个系统都有各自的专业要求；不同的科室对各自的房间有不同的需求，功能性房间的布局除满足日常物流、人流规划要求外，还要满足医疗流程要求，所以对BIM工程师有一定专业性要求。

4. 项目施工工种多，工作面分散，拆除、加固、钢筋、模板、砌筑、防水、抹灰、水电管线安装等众多零星工序存在同时交叉作业的情况，BIM工程师需加强细节处理，保证数据完整并及时录入。

5. 参建各方对BIM技术的认知差异极大，建设单位招标条件未考虑当前中国BIM应用现状，需求面面俱到，但投入严重不足，为过程中的沟通及最终交付带来很大困难。

二、BIM技术在本项目的应用分析

通过对项目的特点分析，结合BIM发展现状、河北省应用情况以及院方和总承包单位的需求差异，公司选派具有专业经验的BIM人员，组成项目团队，依据公司《建筑信息模型应用实施策略》和《建筑信息模型设计交付标准》GB/T 51301—2018，完成"建筑信息模型执行计划"，提前与总承包单位进行应用点分析沟通，确定了模型搭建要求及交付成果，并征得委托方认可，予以实施。

本项目经过了方案设计、初步设计、施工图设计以及施工准备阶段，现处于施工实施阶段，经分析主要有如下BIM技术应用成效和不足：

（一）主要成效

1. 极大地促进了既有建筑设计文件的准确性和延续性，为项目的全寿命周期管理提供了珍贵数据信息

设计数据准确，对后序工作的影响重大，本项目依据的原竣工图纸为30年前的手绘蓝图，招标图纸为经处理的电子版dwg格式文件。为确保电子图纸准确，BIM工程师进行了现场勘验，发现电子版图纸与现场实际（原版蓝图）差距较大，难以直接使用；基于此，BIM团队调整思路，分别建立了招标图纸和原版蓝图两版模型，进行对比确认，交

付了准确原始模型，从而为精确过程管理和获得准确的竣工图打下基础，同时标注了数据差异，为院方的全寿命周期管理提供了珍贵数据信息（图1）。

2. 专业协同提升设计质量，防范总承包商的变更风险

多专业协同是BIM技术的一大优势，传统的CAD无法实现良好的协同设计，通过建立BIM三维模型，实现了不同专业信息与数据的统一，查看更直观、清楚，从而解决不同专业间的协调与合作问题。

本项目在方案设计阶段以结构模型为基础，将各专业模型整合，使平面设计方案以立体化形式展现出来，通过模型漫游快速发现设计问题，并在此基础上做好修改和调整工作，极大提高了设计效率与设计成果质量。

施工图设计阶段，通过整合各专业模型，进行碰撞检查，彻底消除了各专业之间的软碰撞与硬碰撞，从而使设计图纸更加完善，本项目共检测到结构与系统之间的碰撞点2388个，为后期施工减少了变更和浪费，无形中缩短了工期，较好地提升了总承包商精细化管理水平，规避了后期变更风险（图2、图3）。

3. 利用BIM技术辅助设计交底与图纸会审

设计交底和图纸会审是施工准备阶段技术管理的主要内容之一，设计人员向施工人员传达设计意图，有利于施工人员更好地理解图纸，把握设计文件的重点和难点，从而更好地开展施工工作，对提高工程质量和保证施工顺利进行都有重要意义。

通过BIM技术辅助图纸会审，使图纸的内容更为形象和直观，各工程构件之间的空间关系一目了然，提高了设计

图1 完善后的既有建筑设计文件数据信息对比（深色为原蓝图位置，浅色为电子版招标图纸位置）

图2 设计缺陷示意（结构柱加固后露于装修层外面）

图3 设计缺陷示意（风管与结构梁在空间冲突）　　图4 辅助图纸会审

人员与施工人员之间的沟通效率，为项目的后续工作奠定了良好的基础（图4）。

加固工程施工前，协助总承包单位对施工人员进行技术交底，使施工人员清楚直观地了解了设计意图及主要节点的加固要求，极大方便了现场管理人员的数据采集和沟通工作，提高了管理效率。

4. 为院方快速确定方案提供了有力支撑

针对医院的功能性房间，内装修设计人员出具了几种不同的方案，为了直观地呈现给建设单位，借助BIM技术加720云，实现功能性房间的全景展示，且不受时间和终端的限制，在手机上亦可以完美地呈现，这一应用使建设单位各级领导能不受时间和空间的限制，及时准确了解方案内容，快速做出决策，有效地缩短了建设单位的方案决策时间。

5. 实时直观的进度对比，辅助总承包方，提升了总体管理水平

把施工进度和三维模型相结合，通过可视化的环境按照时间顺序进行施工进度模拟，分析调整专业施工顺序、准备设备、周转材料等，实现对施工场地、施工过程以及某些复杂的施工程序的集成化管理。

通过施工进度对比，为每周例会提供进度分析一手资料，直观地体现实际进度与计划进度的差异，提前调整施工方案，实现对施工过程中资源、成本等的动态控制。使得参建各方的沟通非常顺畅，极大提高了信息交流和工作效率（图5）。

6. 利用BIM技术辅助工程材料采购与加工

在施工准备阶段，利用搭建好的模型导出明细表，为材料的采购提供参考

依据。通过明细表可快速查出每一个节点的材料用量，直接用于加工。提高了采购的工作效率和准确性（图6）。

（二）应用不足的分析

1. 技术壁垒短期难以突破，投入不足带来效率低、效果差

Revit软件非常消耗计算机资源，对电脑的配置要求较高，这对普及工作带来一定的阻力，同时文件格式与其他软件兼容性差，对于其他软件的支持度也很低。在BIM的协同流程中常常会需要使用多种软件互相配合，因此支持度成为打破软件之间技术壁垒的关键所在。本项目中没有BIM专项资金，过高的投入需要由总承包单位自身承担，因此，在本项目实施过程中无论是BIM专业人才，还是平台购买、插件使用都遇到了很大困难，直接影响了应用效果。

2. 短期内难以实现BIM5D造价控制应用

BIM模型建立后辅助总承包单位开展了工程量统计和材料采购管理，但无法通过模型应用简化现有造价控制模式。通过对比算量软件发现模型工程量存在偏差，主要原因是建模软件中的计算规则与现行的工程量清单计价规范中所提及的工程量计算规则不一致，不能直接用于清单工程量，两者要达成统一，尚待时日。

3. 设计单位正向三维设计，短期内难以普及

本项目中，由于设计人员不具备BIM建模和软件操作能力，依然采用了逆向建模方式，由设计人员配合BIM工程师完成三维设计成果。因此，限于技术发展的现状（本土软件缺少）和设计人员掌握BIM技术的程度，还很难普及完全意义上的BIM正向设计。

图5 进度对比展示

图6　某节点模型导出材料明细表

4. BIM 人员专业知识的欠缺及 BIM 人才的短缺，阻碍了全面应用水平

方案阶段，建设单位提出了方案模拟要求，但监理人员在建筑设计专业知识、运维知识方面存在明显短板，做好 BIM 咨询必须具备全专业、工程全过程所涉及的知识层次。但当前市场中在方案阶段和运维阶段成功应用的案例极少，相应软件不够完善，真正具备 BIM 软件技能的专业人员一直处于短缺状态。会软件操作的人员不懂专业，有专业能力的人员不会操作软件，这也是一个很现实的现象。

5. 模型质量有待加强，标准有待完善

BIM 技术应用的基础是模型的质量，在项目实施中，模型深度和数据信息的准确、完整录入是提升模型质量和应用水平的关键，建立高质量的模型需要投入大量人力物力，包括 BIM 软件、硬件、人员、平台等，使多数中小企业望而却步。模型质量提升需要标准统一、明晰，更需要人才提升、资金支持，普及模型应用、提升管理水平需要我们长期不懈努力。

6. 各参建方因需求和认知差异，对 BIM 应用效果评价不一

随着国家对 BIM 技术应用推广的不断深入，工程建设领域中对 BIM 技术的概念普遍了解，应用的紧迫性越来越强，但据住房和城乡建设部统计 2019 年第二季度新办理监督手续的工程中应用 BIM 技术的项目占比 1.83%；第三季度新办理监督手续的工程应用 BIM 技术的项目占比 2.72%，实践中有效应用的比例还很低，究其原因，一是 BIM 技术需要用到的软件达到几十种，各类族库品类众多，缺乏共享（以 Revit 软件举例，其源于国外，缺乏本土化的建模软件，应用成本很高，保密性和长期延续性差）；二是参建各方各有所需，难以做到一致的衡量标准，加上实际投入严重不足，人员能力难以保证，导致很难快速达到期待的效果。

三、发展展望与机遇探求

新冠肺炎疫情的出现，催生出火神山、雷神山及方舱医院的建造，在极短的时间内，一边施工一边修改方案，BIM 强大的可视化和数字化表达能力发挥了巨大的作用，在某种程度上，也驱动着建筑行业的改革和发展。无论自己在工程建设过程中承担着什么样的角色，利用先进的工具是提高生产力的有效手段。从业人员熟练掌握和使用 BIM 工具，使之在工程实践中得以运用，也是新时代工程建设者的责任和义务。

基于本项目的实施，BIM 团队重新思考，监理企业在既有建筑项目、EPC 项目中是否有新的机遇，是否能发挥出更高水平的技术优势？通过对现实情况的深入了解，大部分中小型设计企业、施工企业不具备 BIM 技术应用水平，而在既有建筑中业主方有使用 BIM 的强烈需求，对于监理企业，当前阶段是我们提升的黄金时期，在本项目推进过程中，BIM 工程师不仅提升了现场专业知识，在设计建模过程中对设计标准、各类政策要求的认识也有了很大提升，应该说，BIM 咨询服务不单单是一项业务的发展，更是监理人员向全能人才发展的捷径，恰逢疫情，助推了信息化数字化大潮的快速到来，而我们，必须抓住这个时机提升自己，为监理企业向更多元化方向发展寻求机遇！

结语

作为工程咨询企业，BIM 技术专业能力的提升将是我们立足市场的根本，也是当前监理企业提升核心竞争力的必备能力，随着国家大力推进工程总承包和 BIM 技术应用，监理企业需要综合分析自身优势和不足，匹配市场对技术咨询服务的需求，提高为所有有需求的企业提供工程咨询的能力。

"一模多用"在BIM中的极致体现

中泰正信工程管理咨询有限公司

一、概述 BIM 技术与冰城地铁

（一）BIM 技术

1. BIM 英文全称 Building（建筑）Information（信息）Modeling（模型）。

2. 目前国内常用的 BIM 建模软件如表 1、表 2。

3. 本文的 BIM 模型用的是 Revit 软件以及广联达各专业系列算量软件，包括但不限于土建（土建钢筋二合一）、安装等，统称广联达算量软件（Grandsoft）。

（二）概述冰城地铁

1. 地理气候、经济状况及社会需求

1）项目地处北纬 39.93°，东经 125~130°。

2）哈尔滨气候属中温带大陆性季风气候，夏季炎热短促，多东南风，冬季漫长寒冷，多西北风，多年平均气温 4.7℃，平均降水量 537.5mm，区内地面高程约 138.317~141.867m。地貌属岗阜状平原，2 ~ 22m 深度范围内以粉质黏土为主，为隔水层；19 ~ 22m 以下以砂层为主，为主要含水层。冻结深度 1.80~2.05m。季节性冻土的反复冻胀和融沉循环给工程建设带来了极大的困难。本地区抗震设防烈度为 7 度。其工程力学性质强度低、压缩性高、承载力低、含水率高，对哈尔滨的城市建设，特别是

国内招标投标阶段的常用BIM应用软件表　　　　表1

序号	名称	说明	软件产品
1	土建算量软件	统计工程项目的混凝土、模板、砌体、门窗的建筑及结构部分的工程量	广联达安装算量GQI、鲁班土建算量LubanAR、维斯尔三维算量THS-3DA、神机妙算算量、筑业四维算量等
2	钢筋算量软件	由于钢筋算量的特殊性，钢筋算量一般单独统计。国内的钢筋算量软件普遍支持平法表达，能够快速建立钢筋模型	广联达安装算量GGJ、鲁班土建算量LubanST、维斯尔三维算量THS-3DA、神机妙算算量钢筋模块、筑业四维算量等
3	安装算量软件	统计工程项目的机电工程量	广联达安装算量GQI、鲁班土建算量LubanMEP、维斯尔三维算量THS-3DA、神机妙算算量安装版等
4	精装算量软件	统计工程项目室内装修工程量，包括墙面、地面、顶棚装饰的精细计算	广联达精装算量GDQ、筑业四维算量等
5	钢筋算量软件	统计钢结构部分的工程量	广联达钢结构算量、鲁班钢结构算量TC、京蓝钢结构算量等

常用的基于BIM技术的机电深化设计软件表　　　　表2

序号	软件名称	说明
1	MagiCAD	基于AutoCAD及Revit双平台运行，MagiCAD软件在专业性上很强，功能全面，提供了风系统、水系统、电气系统、电气回路、系统原理图设计、房间建模、舒适度及能耗分析、管道综合支吊架设计等模块，提供剖面、立面出图功能，并在系统中内置超过100万个设备信息
2	RevitMEP	在Revit平台基础上开发，主要包含暖通风道及管道系统、电力照明、给水排水等专业。与Revit平台操作一致，并且与建筑专业Revit Architecture数据可以互联互通
3	AutoCAD MEP	在AutoCAD平台基础上开发，操作习惯与CAD保持一致，并提供剖面、立面出图功能
4	天正给水排水系统T-WT、天正暖通系统T-HVAC	基于AutoCAD平台研发，包含给水排水及暖通两个专业。含管件设计、材料统计、负荷计算、水路、水利计算等功能
5	理正电气、理正给排水、理正暖通	基于AutoCAD平台研发，包含电气、给水排水、暖通等专业。包括建模、生成统计表、负荷计算功能。但是，理正机电软件目前不支持IFC标准
6	鸿业给水排水系类软件、鸿业暖通空调设计软件HYACS	基于AutoCAD平台研发，鸿业软件区分比较细，分为多个软件。包含给水排水、暖通空调等专业的软件
7	PKPM设备系列软件	基于自主图形平台研发，专业划分比较细，由多个专业软件组成的设备系统软件。主要包含给水排水绘图软件（WPM）、室外给水排水设计软件（WNET）、建筑采暖设计软件（HPM）、室外热网设计软件（HNET）、建筑电气设计软件（EPM）、建筑通风空调设计软件（CPM）等

建筑基础设施的建设带来了极大的困难。

3）哈尔滨人口较多（约950万），路面拥挤程度全国第二，民众对顺畅出行的要求迫切，同时还受到经济水平的限制，于是"多、快、好、省"建地铁成为工程人的终极目标。

2. 冰城地铁

中泰正信工程管理咨询有限公司作为冰城地铁参建方之一，在项目服务过程中，牢记建设宗旨，投入大量资源，采取主动控制的策略。所服务地铁项目横向范围为地铁1~5号线，纵向过程从勘察设计至各施工阶段（土建、机电、装修等各专业），迄今为止管理项目达500亿元。公司应用BIM技术进行工程管理，10余年来，积累了诸多管理经验，摸索出适宜冰城地铁特点的"一模多用"管理经验，现愿与业内同仁们分享、探讨。

本文以3号线公滨路车站实施全过程为例介绍"一模多用"的价值，同时通过2号线实例说明"一模多用"的应用前提、建模时机及适用条件。

二、哈尔滨地铁项目全过程信息化管理实战案例

（一）地铁3号公滨路站工程概况

哈尔滨地铁3号线二期公滨路站设置于公滨路与红旗大街路口北侧，沿红旗大街南北向布设于高架桥的西侧。作业内容包括通风空调专业、低压动力与照明专业、给水排水及消防专业、设备区砌筑和装修专业及综合支吊架安装。

（二）地铁3号公滨路站现状

鉴于项目的实际情况：Revit建模设计投入了二维设计3~4倍的精力，但计量时还要工程部以二维CAD图纸进行部分手算，甚至稽核部用广联达算量软件

重新建模。也就是说很多单位用三套人马，并且建了两次模型、两种维度（二维CAD图纸、三维模型）来解决一个经济问题，很明显经济问题解决得很不经济，让人心痛。

（三）Revit软件轻松解决专业间碰撞——技术优势展示

运用Revit软件建模的哈铁3号线公滨路站，通过建模发现管综的硬性碰撞问题，此图反映了全过程——建模、发现问题、报告及意见反馈设计、完成管线排布的设计三维图——整个流程场景，出图后指导施工。

1. 3号公滨路站由Revit空调系统直接转出的工程量，此量经判断是不正确的，但由于没有计算过程，所以不知道错在哪里；与之相反，广联达算量能反映详细计算过程，彰显透明与量化。

2. 此表中Revit软件无计算规则内置、无报表（表3）。

3. 菜单栏中"广联达BIM算量键"是与"工程设置"呼应，非"计算设置"。可见Revit整体算量功能极为薄弱。

（四）监理针对性举措："一模多用"

心痛之余，出于职业的责任感，我

们苦苦思索，终于在一次学习培训与老师交流时找到了钥匙，经过多次实践终于确认可行，即深入挖掘Revit模型的潜在价值，增大Revit建模的投入产出比，借助GFC格式转化软件将Revit软件模型无缝转化为广联达算量模型，可以不重复建模，提升工作效率。具体方法以3号线公滨路通风与空调工程为例进行详细阐述。

（五）利用GFC格式转化软件将Revit模型转化为广联达软件模型实例——公滨路车站空调系统

1. 流程概述

1）导出GFC格式文件。打开已有的Revit工程，在菜单栏点击"广联达BIM算量"，然后在"广联达安装"页签点击"工程设置—导出GFC文件"（链接模型）。

2）导入GFC文件。打开广联达BIM安装算量软件GQI2015 Plus及以上版本，点击菜单栏"工程设置—导入BIM—导入Revit三维实体"按钮。然后选择导入GFC文件。登陆广联达云账号（即服务新干线账号）。导入完成后就可以汇总查量。

2. 案例实操

公司承接公滨路站机电Revit预算

两款软件深度比较 表3

	Revit软件	广联达系列算量软件（图形、钢筋、安装、市政、装修、钢结构等）	
	技术性很强	1.内置各专业定额及清单工程量计算规则	2.有智能报表功能
优势	1.多专业一体的模型能解决各种碰撞 1）软碰撞：专业与专业之间 2）硬碰撞：各专业内部族构件之间	3.无须手动设计大量智能报表	4.正版无"不规则地出错现象"
	2.管线综合的优化设计极为显著	3.管道预制化加工等等	5.安装软件能绘制电线电缆的模型	6.钢筋功能极为智能完善
劣势	1.无内置预算工程量计算规则	2.没有设计报表功能	技术性很弱	
	3.需手动设计大量智能报表	4.无规则地出错	1.模型不能建多专业融于一体	2.不能解决专业与专业之间的软碰撞
	5.不能绘制电线电缆的模型		3.只能解决专业内部的硬碰撞	4.能解决一般的优化设计问题
使用者	BIM工程师（BIM部）	概预算人员（稽核部）	

模型建立工作；下载并安装最新版 BIM 算量插件 "GFC for GQI"。

1）导出整体流程

（1）工程设置分为工程概况、楼层转化、构件转化、构件楼层归属。

①工程概况

在弹出的"工程概况"对话框中，输入"工程名称"及"檐高"，选择"工程类型"及"结构类型"；在右边栏中钩选需要导出的链接模型。

②楼层转化

单击"工程设置—楼层转化"软件自动弹出"楼层转化"对话框。

在右侧上部对话框设置工程"首层"。

③构件转化

当 Revit 中一个族类型，可转化为 GQI 中多个构件类型时，需要根据 Revit 族名称及系统类型设置对应转换关系。

当 Revit 建模在构件命名上与 GQI 不一致时，可修改统一族类型名称，方便建立 Revit 与 GQI 构件之间转化关系及调整转化规则。

根据 Revit 模型的族名称及系统类型，确定算量专业、算量类型、算量类别，若默认匹配错误，可手动下拉进行修改。

④构件楼层归属

水平管：楼层底标高≤高度中心点＜楼层顶标高立管；按照底标高楼层归属，跨层图元不分割。

（2）导出

对于模型体量巨大、工程复杂的工程，整个模型不仅汇总慢、效率低，而且很难满足单专业的提量。故可以设置导出全部图元和导出可见图元，满足用户分区域导出需求，大大提升汇总效率。

当工程有未导出的构件时，软件会自动提示是否查看导出报告，单击"是"。

（3）模型检查

保证模型在源头就符合规范的要求，可避免在导出、导入过程中丢失图元；又因下游 GTJ 模型修改不能联动源头 Revit 模型，故先进行模型检查可避免重复修改模型工作。

（4）构件显隐

在对 Revit 模型进行查看时，能够清楚地看到哪些构件被转化为算量构件以及转化的类型，还有哪些构件没有转化为算量构件。

注意：算量维度构件和 Revit 维度构件是实时联动的。

2）GFC 导入到 GQI 主流程

功能入口：新建 GQI 工程，选项卡"工程设置—导入 BIM—导入 Revit 三维实体"，如第一次使用，先注册"广联云账户"即可。

（六）转化效果分析

1. Revit 与广联达算量比较分析

1）Revit 是 5344.61m^2，而 GQI 是 6492.33m^2。

2）两者在计算规则均为实体工程量的情况下，Revit 尚且少 1147.72m^2，那

么对于砌体、装修面积等计算规则中涉及扣减 0.3 等类似问题时，差别可想而知。

2. 管理效益全过程成本分析

首先，建模人员人工成本的节约：

3 号线共 31 站，不用 Revit 软件模型，重新建算量模型每站需要 60 天，每天人员工资 350 元。工作分五个阶段（估算模型、概算模型、预算模型、施工进度结算模型、竣工结算模型），涉及土建、机电、装修等至少 3 个专业。

小计：31×60×350×（5+3）/10000= 520.8 万元

其次，工程部操作 CAD 人员的人工成本为 31 站 ×60 天 ×50 元 / 天 ×（5+3）/10000=74.4 万元

合计：520.8+74.4=595.2×1.2=714.24 万元（考虑管理费、利润、规费、税金）

类推 1~5 号线合计 714.24×5= 3571.20 万元

由此可见一模多用，通过转化不重复建模，1~5 号线可节约管理费用 3571.20 万元。

所以，不必因为 Revit 软件出量的

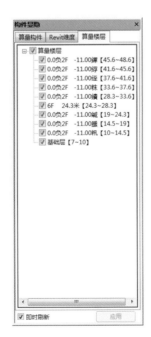

不足，就去浪费资源重新建算量模型，不妨换个方向，借助第三方工具来解决瓶颈，即所谓"善假于物也"。这样将算量工作交给算量软件，而使 Revit 专注于碰撞等技术类工作，使其"各就其位"又"协同共赢、优势互补"。

可见"一模多用"不仅能达到极致的设计优化，节约工期、避免浪费、保证质量，而且在投资成本控制中，也能彰显其极大的应用价值——仅仅通过简单的"一转"即可实现投资的大节约。

总之利用"一模多用"实现了公司"全过程信息化管理"的服务目标，树立了企业形象，为冰城地铁"多、快、好、省"建设目标尽了一分力量。

三、实战案例经验的沉淀与升华

（一）广联达模型与 Revit 模型互相协作

由转化工具转成前期广联达模型，两者分别承担技术与经济的职责。随着工程的进展，Revit 模型调整为中期、后期模型，承担着碰撞、优化、预制化等技术职责。由其分别转化而成的算量模型，承担着预算、结算、合同、利润、投资效益等经济职责，体现着两者的分工与协作。同时也避免了广联达重复建模，提高了工作效率。

（二）2 号线气象台、农大站先建广联达算量模型

1. 公司运用广联达的 GGJ10.0 模型进行的深化设计哈铁 2 号线气象台站通过建模发现结构柱的主筋设计有问题，要求进行设计确认场景（会审中第一及第四项），出图后指导施工；农业大学站也是同一设计院，发生了同样问题，进行了一致优化处理，出图后指导施工。

2. 虽完成了专业内部优化、工程量的精准计算工作，但仅限于此施工阶段，对后期的机电装修不起辅助作用。

3. 乙方土建结束后建起了 Revit 模型，但为时已晚，未起到前期技术指导作用。

（三）2 号线省政府站（先建广联达模型）

哈铁 2 号线土建施工中，由于甲方和乙方不习惯用软件，出于造价工作需要，监理自行建立了部分广联达模型，虽能准确出量，但技术碰撞方面没能全面地应用。仅在导洞施工中发现尺寸不符合要求而进行了设计变更。对后期装修等专业施工没有帮助。

（四）"一模多用"经验沉淀与升华

1. 时机与适用条件的深思

诸多实例提示我们建模时机在前期阶段，此时开始建 Revit 模型，适用范围最广，涵盖前、中、后期，受益面最全。

"一模多用"最适用于"BOT""EPC"项目管理模式。

2. 物尽其用（协同互补）

如果说建筑迈向数字化、信息化的桥梁是 BIM 技术，效果、效率、效益是永恒主题，那么不拘泥于固定模式，灵活运用、协同互补，才能使 BIM 走得更远，社会经济效益才离我们更近。

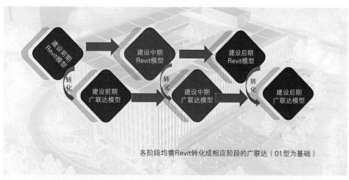

各阶段均需Revit转化成相应阶段的广联达（01型为基础）

两种BIM技术适时转化

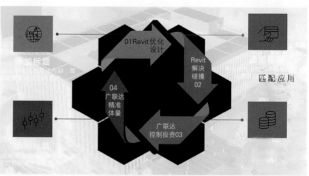

两种模型各司其职优势互补

信息化管理在新时代的应用研究

山东新世纪工程项目管理咨询有限公司

引言

人类已走进以信息技术为核心的知识经济时代，信息资源已成为与材料和能源同等重要的战略资源；信息技术正以其广泛的渗透性、无形价值和无与伦比的先进性与传统产业结合；信息产业已发展为世界范围内的朝阳产业和新的经济增长点；信息化已成为推进企业发展的助力器，而信息化水平则成为一个企业综合实力的重要标志。

为响应国家信息化建设的号召，推进公司现代化管理，2016 年山东新世纪工程项目管理咨询有限公司决定采取信息化模式对日常监理工作进行有效管理。

一、新通建设工程项目管理系统简介

新通建设工程项目管理系统是公司自主开发的专业信息化数据管理系统，英文缩写"NCPM"，简称"新通 V1.0"。系统面向公司下属的分公司及各个项目监理部，以即时性数据存储汇总为目标，结合公司监理工作的专业特征，融合了《建设工程监理规范》GB/T 50319—2013、《建设工程监理工作规程》DB 37/T 5028—2015 等一系列建筑监理规范理论体系和企业多年监理工作的经验和管理智慧，实现监理工作标准化、监理文件规范化，逐步建立起各专业相关的数据库，为日后工程项目管理咨询提供技术保障。

二、信息系统研发历程

（一）第一阶段：2016 年初始规划。汇总《建设工程监理规范》GB/T 50319—2013、《建设工程监理工作规程》DB 37/T 5028—2015 等一系列建筑监理规范，采用规范且常用的表单作为信息平台录入模板，包括监理日志、监理通知单、联系单、旁站记录、工作联系单、监理（安全生产管理）日志、安全巡视记录、安全例行检查记录、监理月报、监理例会纪要、监理规划、监理实施细则等。基本涵盖所有监理日常工作用表。

（二）第二阶段：2016—2017 年开发单机版信息录入系统。Java 语言适用于开发除系统软件、驱动程序、高性能实时系统、大规模图像处理以外所有的应用。Java 的强大网络功能和面向对象特性决定了其发展前景广阔，开发部门一直倾向于采用 Java 语言作为开发首选。

单机版采用 Java 语言 +Access 数据库的形式，Access 是一种桌面数据库，适合处理少量数据和单机访问的数据库，效率也很高，基本能满足现场电子资料收集及直接导出打印功能的需要。

（三）第三阶段：2017 年初始网络版信息系统开发编程语言及数据库调研。单机版信息系统经过半年的现场试用，发现 Access 数据库虽然能满足日常数据的存储和汇总，但是其同时访问客户端不能多于 4 个，在网络通信方面有明显短板，对于后期网络版的开发形成致命的技术制约。因此 2017 年公司决定后期采用其他更适合网络信息传输的数据库开发网络版的信息系统。

数据库方面：经过对比发现 Oracle 在兼容性及安全性上完全优于 Mysql，但重点面向大型企业工业方面的需求，对于监理公司的信息需求严重过剩，对于前期开发及后期维护投入较大，因此决定网络版信息系统采用 Mysql 数据库。

编程语言方面：初始网络版信息系统采用 Java 语言 +Mysql 数据库的结构开发，但经过 2 个月的前期开发，Java 语言的开发环境配置较难，和数据库连接时较为复杂，对开发人员的开发经验和学习时间都有很高要求，开发成本相较 Php 语言增加很多。同时对界面的优化较为烦琐，普通的优化实现代码较同时期流行的 Php 语言成几何倍的增加，因此在开发初始版本后决定采用 Php 语言。

（四）第四阶段：2017—2018年发布网络版信息管理系统V1.0版。公司开发团队采用Php语言+Mysql数据库，经过半年时间的开发，结合之前单机版的模块架构及Java语言网络版的经验，设计出新通建设工程项目管理系统V1.0。

（五）第五阶段：2018—2019年升级更新阶段（V2.0版）。根据住房城乡建设部2018年3月8日颁布的《危险性较大的分部分项工程安全管理规定》（住房城乡建设部令第37号）及山东省住房和城乡建设厅2018年8月1日颁布的《山东省房屋市政施工危险性较大分部分项工程安全管理实施细则》（鲁建质安字〔2018〕15号），公司领导积极组织设计人员针对新通建设工程项目管理系统进行升级，增加危大工程管理档案，以及平台即时通信功能，加强公司对项目监理部的领导与沟通，严格按照国家规定，对施工现场的安全、质量进行有效管理。由于危大工程管理台账并没有指定的模板，项目设计人员积极与现场项目监理部技术人员沟通，结合《危险性较大的分部分项工程安全管理规定》与《山东省房屋市政施工危险性较大分部分项工程安全管理实施细则》的要求，将文件中提到的需要监理方实行的工作进行了集中有序归档，形成网络版的危大工程管理台账。升级结束后，新通建设工程项目管理系统V2.0版本持续稳定运营至今。

三、监理信息化推广中遇到的问题

（一）信息技术的开发和应用过程，是信息化建设的基础。经过对网络上各种信息平台的试用发现，虽然目前网络上已经有较为成熟的工程监理系统，但较多地是偏向公司日常运营管理，对现场进行有效管理的信息系统较少，对于公司面向基层项目监理部的管理并未起到明显的作用。因此公司决定根据自身需求自行开发一套面向基层项目监理部现场实际工作的信息系统。

（二）信息资源的收集和利用过程，是信息化建设的核心与关键。对于现场数据收集的硬件设施方面，部分项目部电脑陈旧落后，运行速度较慢，公司投入巨额资金，为现场监理项目部配备高配置电脑，解决现场客观条件导致无法联网项目部实行"无线网卡模式＋手机Wi-Fi模式"上传现场一手资料的问题。

施工监理项目部专职资料员的配备基本达到100%全覆盖，公司对专职资料员定期组织培训学习，重点培训信息平台资料录入规范操作及现场资料整理规范，确保现场一手资料的收集能够及时、有效、准确。

（三）信息系统主要使用对象为现场监理项目部，信息系统采用的资料管理模式、制度、技术、方法等完全不同于传统的纸质材料管理模式。在初始阶段，公司在推广过程中采取"双轨制"，既要采用纸质资料为主，同时又要兼顾公司要求，在信息系统中录入电子资料，确实增加了一线项目部的工作量，从现场总监到资料员均有抵触心理。信息平台开发完成后，通过数次面向全公司的反馈收集，针对反映较多的地方不断调整，增加电子数据直接导出打印功能，既能够有效减轻工作量，又达到规范要求的目的。随着监理项目部的使用，信息系统对于监理项目部竣工之后的资料整理及后期的资料查找起到了巨大的作用，

一线监理项目部逐步接受甚至主动要求使用公司信息系统。

四、信息系统功能详细介绍

（一）信息化分级管理模式

新通V2.0采取面向基层监理项目部模式，现场项目部将各种资料实时录入系统，形成一手资料。管理层采取总公司统筹管理、分公司协同管理的模式，无论对于总公司管理的宏观掌舵上，还是对于分公司具体事务的管理上均起到了显著的作用。

权限方面，各项目部只能查看自己项目上的资料，各分公司可查看自己分公司的项目的资料，总公司可查看所有项目的资料，实现分层管理，统一管理相结合的模式。

（二）信息系统数据内容

新通建设工程项目管理系统在内部操作上分两类：一类是管理员模式，管理员采用分级管理模式，针对不同的管理层开放不同的管理权限，根据需要查看不同的项目资料；另一类是用户模式，即基层项目监理部模式，每个项目部一个账号，对应自己项目上的所有资料录入。

1. 对话模块：对话功能开放权限为管理员与用户的双向即时通信，能够实现项目监理部与公司管理层之间的在线即时沟通，同时公司管理层能够对现场资料汇总情况及时督促，要求监理部按照规范完成资料整理工作。该功能对资料的汇总及后期大数据的形成打下坚实的基础。

2. 参考资料模块：该部分为文件模板管理、文件规范管理、法规与技术规范三部分，经过不断地充实，公司技术资料的积累基本能够满足项目上资料查

询的需要，尤其对于新入职员工快速学习工作中的技术及法规相关要求起到了关键作用。

3. 业务数据模块：该模块包含工程概况、危大工程管理台账、监理日志、监理通知单、旁站记录、工作联系单、监理（安全生产管理）日志、安全巡视记录、安全例行检查记录、监理月报、监理例会纪要、监理规划、监理实施细则等，基本涵盖所有监理日常工作用表。常用监理资料表格采取设定表单直接录入的方式，直观地形成符合规范要求的监理资料，同时可直接导出打印，为后期资料的查阅或整理提供了极大的便捷。

针对篇幅较长的监理规划、监理实施细则等资料，采取直接上传 Word 或以 PDF（压缩文件）的形式上传，上传之后形成可下载的附件模式，方便日后下载查阅。

对于有具体格式要求且篇幅稍长的监理月报、监理例会纪要等资料采取附件及表格结合的方式，既能直观地查看资料，也方便日后下载存档。

对于现场施工情况设置工地进程数据模块，采取上传重要节点照片，每周不得少于两次，对现场施工进程全过程留痕，做到可回溯管理，同时方便公司各决策层对数百个工程现场状况及进度情况的即时把控，对于重要节点的质量及安全问题，能够及时派出公司专家组进行督导，保证所有工地高标准、高质量地完成监理工作。

不同的资料采取不同的上传存储格式，既能有效减轻监理部的负担，又能完整地汇总项目资料，为以后资料的查阅提供方便。

五、信息化应用的成果

新通建设工程项目管理系统经过两年的使用，基本汇总了公司自 2018 年开始的所有项目资料，资料库逐渐形成规模，在监理资料信息化的过程中，新通建设工程项目管理系统受到了众多甲方的一致好评，各级领导给予了充分肯定，同时对于公司自身的管理提供了极大的帮助作用。

公司领导层按照不同的分级审阅权限，能够及时有效地了解自己部门所负责的监理项目部的运行情况，针对上级要求的各种质量及安全检查能够通过新通建设工程项目管理系统督促现场监理项目部人员，保证高质量、安全地完成项目。

对于现场监理项目部技术人员，新通建设工程项目管理系统能将项目的资料从开工至完工完整汇总，存储在云服务器上，不仅对于公司管理上是一种资料的积累汇总，同时对于项目监理部的技术人员也是个人技术水平的积累，对于工程后期中需要查阅前期的数据极为便捷，工程完工后的资料查阅也摆脱了以前的翻公司档案室查找的模式，直接通过申请登录新通建设工程项目管理系统的查阅账号即可查看信息平台中所有项目资料，包括了按项目名称检索、日期检索、业务数据检索、地区检索等多种检索方式，效率极大提高。比如，信息化之前需要查找两年前某个项目的相关监理资料，需到公司的档案室按照物理目录检索到存放位置，然后针对该项目整理归档的众多档案盒的档案标签挨个查找，才能找到所需的资料，费时费

力。而如今只需要一台能联网的计算机即可在新通建设工程项目管理系统中通过一定的检索方式即刻查找到所需要的资料。

六、监理信息化未来展望

由于信息平台采用的是云服务器存储形式，对于资料的备份维护及安全性存在一定的隐患，公司决定在信息平台稳定运行 1—2 年后自行搭建平台服务器，做到从服务器的运营维护及平台维护逐步实现本地化，能够及时保障信息平台的正常有序运营，对数据的管理及后期可视化的大数据升级打下坚实基础。

在自行搭建的服务器运行良好的情况下，公司计划下一步的工作重心为实现企业可视化大数据。大数据依托前期众多业务数据的积累，按照监理项目的类别及地区划分，提供多种维度的统计报表，围绕公司经营指标体系，通过形象、直观的方式，为企业领导和经营部门提供各类、各地区监理项目的运行数据和指标，以及趋势对比，有效把握企业的发展方向。

企业界信息化建设已经开始，监理服务产业不断拓展，提高信息化认识，加快信息化建设步伐已成为必然，监理企业要提高对信息化建设的重视度，以管理信息化为主导（领导层），以实现企业信息化为基础，以实现企业走向世界为目标，在数字化大潮中与时俱进、迎接挑战，不断提高监理服务的信息化程度，加强信息化建设投入，在信息技术与信息设备辅助下，把监理工作做扎实、做细致。

论新时代条件下监理工程师的学习方向

高春勇　杨洁

太原理工大成工程有限公司

在新时代征途中，建设监理行业同样应该通过自己的努力去实现、去圆梦属于我们监理人新时代的发展蓝图。而此时，"学习"无疑成为新时代条件下，改革发展监理理念、探讨监理制度发展方向、深化丰富监理制度内涵、激发行业创新实践的一把"金钥匙"。

一、学习是关乎建设监理事业改革发展的大事情

（一）监理工程师要牢牢把握好正确的学习方向这一前提

监理工程师的一切学习活动，都必须围绕新时代绿色发展理念和建设城乡美好环境与幸福生活共同缔造的美好愿景展开，并且应该是一个紧密结合监理行业的改革发展方向，着眼于破解行业发展难题，致力于行业发展创新，紧盯建设工程技术与管理理论发展前沿，完善知识体系并获得突破的过程。监理工程师的学习在任何时候、任何情况下都不能偏离这个方向，否则，学习就容易陷入盲目和懈怠状态，就容易在纷繁复杂的利益和诱惑面前，失去对监理行业发展和改革的信心，放弃监理工程师的职业操守，甚至丧失底线和原则，最终变得无所适从，庸庸碌碌。

（二）要把研究和破解监理行业发展难题作为学习的根本出发点

监理工程师不仅要抓学习，而且还要善于学习。要牢固树立问题意识，把研究和破解监理行业发展难题作为学习的根本出发点，来对监理行业的改革和发展问题做认真的分析和研究，通过理论联系实际、学以致用，为行业发展提供理论基础和创新实践。监理工程师在不断的学习和实践过程中，要勇于发现并正视行业发展中所出现的各种各样的问题，并通过总结和思考，设立一些研究性的课题，为行业发展提供创新性的意见和建议，以增加行业建设、行业发展的维度和广度。如，建设监理制度如何实现高质量的可持续发展问题，如何促进监理企业完成在新时代的转型升级，如何筑牢监理工程师执业地位、推动监理主体地位的建设问题等。因此，坚持问题导向，把解决问题作为学习的动力和出发点，更有利于形成学习成果、凝聚行业共识，吹响推动建设监理行业高速全面健康发展的新时代号角。

（三）学习方法决定监理工作实践和行业创新发展的效果

监理工程师在学习过程中，应解决好"如何学"的问题。只有全面、系统地掌握了科学、正确的学习方法，才能

增强监理工程师夯实专业知识根基、提高监理服务能力的本领，才能在不断学习的过程中形成监理行业发展的视野和格局，并最终带动整个监理行业的转型升级。

第一，监理工程师应紧密跟踪监理行业发展态势，认真研读监理行业发展创新的相关理论著作和文献，积极主动地考察观摩、实地调研全国各地方、各领域监理行业优秀的工作创新方法和技术创新成果，在全面、正确领会习近平新时代绿色发展理念丰富内涵的基础上，博学之，审问之，慎思之，明辨之，笃行之，自觉用学习成果来武装头脑并指导实践。

第二，监理工程师要积极响应习近平总书记关于学习要"向谁学"的指示，即"既要向书本学习，也要向实践学习；既要向人民群众学习，向专家学者学习，也要向国外有益经验学习"。

故步自封，安于现状，必将被社会所淘汰；勤于学习，博采众长，必将使监理工程师悟得真知，启迪智慧。监理制度自创立到现在的30余年的历程中，不乏关于"学习"的成功实践和优秀成果。在目前行业内强烈呼吁进行监理制度改革发展方向探索的时代背景下，更需要监理工程师认真领会、参透"向谁

学"的真谛，通过全方位、多渠道、相互关联、相互促进的学习，进一步抓住制度改革发展的要义，明辨改革举措的得失利弊，确立革故鼎新的思想，推动改革实施的进程，最终使监理行业的转型升级成为新时代呼唤下的一次成功的学习创新发展典范。

二、学习是成就未来梦想的"奠基石"

（一）修为源自学习，并决定着监理事业的发展前景

学习知识是一个较漫长的积累过程，需要有谦虚好学的态度和坚持不渝的决心。监理工程师的修养、素质、涵养和造诣，应能匹配行业的发展要求，其卓越的修为，反过来更直接决定着监理事业的发展前景。因此，事业发展没有止境，学习就永远没有止境。"不登高山，不知天之高也；不临深渊，不知地之厚也。"监理工程师应能时时刻刻发现自身不足，并通过吸取丰厚的专业技术养分，借鉴吸收成功的工程管理经验，做到融会贯通、德才兼备，并在此基础上，对监理事业的发展做出开拓性的实践和贡献，体现出监理工程师应有的社会价值。

（二）监理工程师需要持之以恒、钻研进取的学习精神

随着中国政府实施制造强国战略的第一个十年行动纲领《中国制造2025》的发布实施，第一步的战略奋斗目标——力争到2025年使中国迈入制造业强国行列的冲锋号已经嘹亮吹响。以世界上最长的跨海大桥——港珠澳大桥的工程建设为例，其开创的工程建设领域多个世界第一，无不表明未来的工程建设领域在中国迈入制造业强国行列的道路上，必将经历一个知识体量爆炸、专业技术飞速更新的时代。监理工程师如何才能跟上时代的步伐，如何才能不被日趋激烈的竞争所淘汰？持之以恒的学习是解决这个问题的关键。习近平总书记曾经强调，"学习需要沉下心来，贵在持之以恒，重在学懂弄通，不能心浮气躁、浅尝辄止、不求甚解。"因此，监理工程师的学习，需要长年累月的坚持，也需要细致扎实的钻研，更需要循序渐进的思考和总结，并在此基础上，争取做到突破和创新。在新时代，监理工程师应把学习作为一种责任和一种追求，为祖国制造业强国战略目标的实现助力加油！

（三）以学习推动监理制度向全过程咨询方向发展的探讨和研究

监理制度的建立和实施，堪称是中国工程建设领域里施工管理体制内的一项重大改革举措，同时也是为解决和适应社会主义市场经济体制改革和发展过程中出现的体制问题而提出来的一项制度性的改革。在经过了30多年的监理制度的具体实践后，必然会出现一些在监理体制和机制方面不适应时代发展要求的新情况和新问题，需要监理工程师们去积极地开展探讨和研究，以便尽早确立适应新时代条件下监理制度的发展方向。

习近平总书记曾指出："每个时代总有属于它自己的问题，只要科学地认识、准确地把握、正确地解决这些问题，就能够把我们的社会不断推向前进。"因此，在探讨和研究监理制度的发展方向问题上，唯有依靠学习才能不断前进，并找到解决问题的突破口，切实让学习服务于促进监理制度向更好发挥其效能的方向发展。监理行业对监理制度向全过程咨询方向发展所展开的探讨和研究，也就是完成一个使监理工程师在实践中不断学习，在学习中不断总结，最终把成功的实践上升成为理论，又以正确的理论去指导新的实践的过程。

（四）监理工程师要把学习作为迈向更高、更远目标层次的重要法宝

非学无以广才，非志无以成学。监理工程师只有通过不断努力、刻苦的学习，才能吸取大量的新思想、新经验、新认识所带来的丰厚养分，才能够使自身的知识总量、知识质量提高到一个新的高度和水平上来，也才有可能去适应新时代条件下的监理行业发展的要求。

习近平总书记曾说，学习的根本目的是要增强工作本领，提高解决实际问题的水平。监理工程师在获取大量新思想、新经验、新认识的道路上，都应坚决围绕这一重要论述展开积极、有益的学习。只有这样，才能使监理工程师渐渐具备应对新时代行业发展所赋予的新的多方位、多层次、多角色的任务要求和挑战的能力，并能提升对行业发展方向和趋势的洞察能力，更进一步地促进监理工程师在工程建设领域内向更高层次、更远目标迈进。

某水电站施工阶段工程造价控制

冉巧庆　刘伟　西安四方建设监理有限责任公司

李树艳　延安治平集团建筑安装有限公司

引言

水电工程造价控制，是指在工程项目建设周期内，在保证项目取得较好的投资效益和社会效益的前提下，力争合理地使用人力、物力和财力，对项目进行有效的规划、组织、协调、前期决策控制等系统管理活动，以达到在一定的时间要求、质量要求、投资额度、合同条款等约束条件下，最优地实现建设项目预定目标的目的，把"静态控制、动态管理"的概算理念贯彻到工程实施的各阶段[1]。本文结合公司某水电工程项目管理为例说明在施工阶段的造价控制措施及方法。

一、某水电工程概况

某水电站为低水头径流式电站，位于湖南省常德市附近的沅水干流上。电站水库正常蓄水位为 39.50m，泄洪闸共 25 孔，孔口净宽 20m，堰顶高程 26.00m，左侧河道布置 14 孔，长度 326.60m，右侧河道布置 11 孔，长度 257.00m，闸坝顶部高程 50.70m，最大坝高 30.20m；总装机容量为 180MW，采用 9 台单机容量 20MW 的贯流式机组，电站多年平均年发电量 7.93 亿 kWh，装机年利用小时数 4404h。项目总投资 269040 万元。

二、工程造价控制程序

在本工程不同阶段，依据实际出现的问题，制定不同的造价控制程序。主要包括合同造价及中标（标底）造价的控制程序、工程洽商的投资控制程序和工程竣工结算的控制程序，详见图 1~图 3。

三、工程造价控制注意事项

公司组织监理工程师、造价工程师在对工程造价控制重点阶段、重要因素及策略措施进行分析与探讨时，均是围绕造价控制的原则进行的，在执行过程中的注意事项有如下几点[2]：

（一）严格执行施工合同中所确定的合同价、单价和约定的工程支付办法。

（二）在报验资料不全，与合同约定不符，未经质量签认合格或有违约情况时，坚持不予审核、计量及付款。

（三）工程量与工作量的计算应符合有关的计算规则。

（四）处理由于设计变更、工程洽商、合同变更和违约索赔等引起的费用增减时，应坚持公平、合理的原则。

（五）对有争议的工程量计量和工程款，应采取协商的方式确定，协商不成时，可由总监理工程师确定。

造价控制的原则为：功能提高，造价不变；功能不变，造价降低；造价稍有提高，功能大幅度提高；功能略有降低，造价大幅度降低。

四、施工阶段造价控制

施工阶段的造价控制是工程造价的实现阶段，此阶段是形成工程实体的重要阶段，重在加强投资跟踪管理，若管控不好，就会使投资失控造成浪费。此阶段影响工程造价的因素很多，有技术方案、物价、工程量、自然气候等[3]。物价的变化不是以人的意志为转移的，是人力所不能控制的，气候的变化一般情况下也是有规律的，唯有工程量的变化大多来源于工程变更。工程变更的多少直接决定了施工阶段的工程造价的变化数量。所以施工阶段的造价控制的重点是工程变更。此处将从项目管理角度对工程的技术方案审批、合同争议处理、单价审批、不可预估风险处理等方面阐述施工阶段造价控制措施及方法。

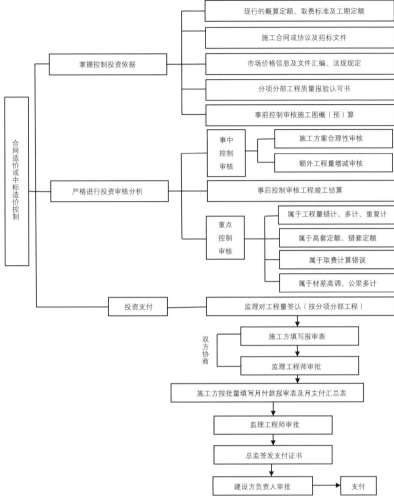

图1 合同造价及中标（标底）造价的控制程序

（流程图内文字）

合同造价或中标造价控制
- 掌握控制投资依据
  - 现行的概算定额、取费标准及工期定额
  - 施工合同或协议及招标文件
  - 市场价格信息及文件汇编、法规规定
  - 分项分部工程质量报验认可书
  - 事前控制审核施工图概（预）算
- 严格进行投资审核分析
  - 事中控制审核
    - 施工方案合理性审核
    - 额外工程量增减审核
  - 事后控制审核工程竣工结算
  - 重点控制审核
    - 属于工程量错计、多计、重复计
    - 属于高套定额、错套定额
    - 属于取费计算错误
    - 属于材差高调、公里多计
- 投资支付
  - 监理对工程量签认（按分项分部工程）

双方协商
- 施工方填写报审表
- 监理工程师审批
- 施工方按批量填写月付款报审表及月支付汇总表
- 监理工程师审批
- 总监签发支付证书
- 建设方负责人审批 → 支付

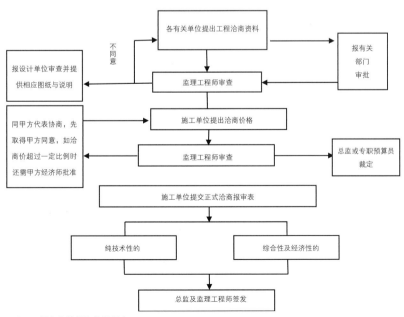

图2 工程洽商的投资控制程序

（流程图内文字）

- 各有关单位提出工程洽商资料 → 报有关部门审批
- 不同意：报设计单位审查并提供相应图纸与说明
- 监理工程师审查
- 施工单位提出洽商价格
- 同甲方代表协商，先取得甲方同意，如洽商价超过一定比例时还需甲方经济师批准
- 监理工程师审查 → 总监或专职预算员裁定
- 施工单位提交正式洽商报审表
  - 纯技术性的
  - 综合性及经济性的
- 总监及监理工程师签发

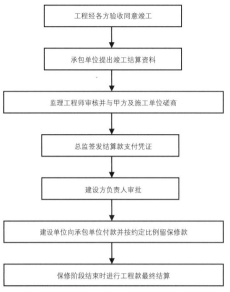

图3 工程竣工结算的控制程序

（流程图内文字）

- 工程经各方验收同意竣工
- 承包单位提出竣工结算资料
- 监理工程师审核并与甲方及施工单位磋商
- 总监签发结算款支付凭证
- 建设方负责人审批
- 建设单位向承包单位付款并按约定比例留保修款
- 保修阶段结束时进行工程款最终结算

（一）技术方案审批

监理工程师在技术方案审批时，要与造价工程师协同合作，严格把握好合同中的边界条款，避免由于方案审批而留下索赔的漏洞。审批中应结合现场实际情况，提出合理化建议和优化设计方案。如本工程导流洞出口标段，原设计石方开挖方量110.5万 m^3，涉及金额2500.61万元，在施工方案审批过程中，监理工程师根据现场实际情况和工期要求，在审批施工措施时经过与设计方沟通进行设计优化，将原1号导流洞出口设计开挖线向下游侧外移25m，2号导流洞出口设计开挖线向下游侧外移11.32m。优化后，导流洞出口边坡土石方开挖设计量为52.38万 m^3，结算金额为1250.6万元，节省投资1103.1万元，具有良好的经济效益。

（二）合同争议处理

水电工程由于涉及面广、工期长，因此施工合同中就存在较多的死角和临界点。对于施工单位而言，合同的临界点和死角易造成索赔，在很大程度上这是施工单位获得利润的最直接方式，施工单位会据此向监理工程师提出合同争议处理请求。对监理工程师来说,要充分理解合同,吃透合同,特别要注意合同的临界点,以合同为主,结合现场实际情况,对施工单位提出的争议请求进行处理。

在施工期间,由于标段划分多,存在较多的交叉作业。相互之间爆破损坏时有发生,如何处理这些炮损问题就成了监理工程师的一个难题,难度在于以下三方面:

1. 炮损问题主要出现时段是前期施工,当时没有具体针对炮损的解决办法,所有炮损问题都作为遗留问题等到后面集中解决,等到处理时,仅能根据当时留的部分原始资料进行处理。

2. 业主买的第三者责任险仅针对业主已验收合格的产品,因此在施工过程中施工单位相互炮损的中间产品业主买的工程险是不予理赔的。

3. 在签订的施工合同中,虽然都有第三者责任险一项,但由于业主认为既然已购买了第三者责任险,那么保险公司就应该承担施工单位的炮损,业主不再承担施工单位的这笔费用。

基于以上情况,在处理中与业主、施工单位沟通,由业主支付各施工单位的第三者责任险费用。鉴于业主本身已购买第三者责任险,施工单位的第三者责任险采取实报实销的方法进行处理,即发生多少炮损补偿多少,按照第三者责任险的办法进行处理。

(三)单价审批

施工过程中,由于现场情况复杂,在合同清单基础上,新增的单价项目较多,如何审批也是监理工程师控制项目投资的一个主要内容。各种施工工艺、各时段的人工、材料及材料转运方式、机械及机械运输方式都影响单价组成。

在施工坝肩时,坝肩上有两个较大

的危岩体,给施工造成极大的困难,业主下发委托书要求某专业工程公司进行施工,这两个危岩体处理难度在于:

1. 1、2号危岩体实际开口线高程为394m,开挖最低线为240m,高差达154m,边坡陡峭,地势险要,EL290以上大型开挖设备上不了工作面,只能用潜孔钻爆破后人工翻渣至240m平台进行大规模出渣。

2. 由于部分部位喷射混凝土的高低悬殊,一台喷射机的压力不能满足施工要求,施工单位用一台喷射机将混凝土输送至第二台喷射机,通过第二台喷射机将混凝土输送至工作面,这样造成了支护设备的效率降低。

3. 实际施工中由于受地理环境的影响,进入施工现场的施工道路较难形成,为保证施工进度,施工单位开挖了一条机械、材料运输的小型施工通道。钻爆机械设备、边坡支护材料全部靠人工背运至工作面。

在这种情况下,监理工程师要对此委托项目的单价进行审批,任务重、难度大。经过与造价工程师多次现场考察、沟通,最后形成以下意见:开挖单价分290元以上和290元以下两个单价,开挖单价和支护单价考虑降效系数问题;所有材料现场实际测算,与搬运工沟通测定其搬运量,结合施工单位与材料搬运单位签订的劳动协议,计算出每单位材料的二次搬运费用计入单价。在以上原则的基础上,监理工程师的审核结果得到业主及施工单位认可。

(四)不可预估风险处理

本工程在施工过程中,国内PPI、CPI等价格指数上涨,造成承包商在此之前签订的合同价格已保不住成本,最明显的是工人工资上涨幅度大,导致各

承包商纷纷要求对人工工资进行调整。监理工程师和造价工程师一致认为,施工单位在签订合同时,应充分考虑存在的价格指数风险,在此之前的项目应严格执行合同。但在价格指数出现明显上涨月份以后的委托合同或者零星项目,应充分考虑人工、材料和机械市场相对各施工单位签订主合同时的涨价幅度,不能执行与各施工单位签订的主合同中约定的"委托项目或零星项目均按此合同标准执行"这一条款。

结语

综上所述,监理工程师和造价工程师是水电工程建设的重要参与者,是站在工程管理者的角度对工程的质量、安全、进度、造价等方面进行管控。在执行过程中,监理工程师的有效管理,造价工程师的有效控制,可对水电工程投产后的质量和投资效益产生积极的影响。在建设过程中,做好造价控制工作是水电工程建设目标顺利实现,以及确保项目竣工后良性运行的重要保证,对配置资源,提质增效,控制投资具有十分重要的意义[4]。

参考文献:

[1] 马莉. 水电工程造价控制的探索与研究[J]. 四川水力发电, 2004 (12):12.
[2] 齐雁. 水利水电工程造价管理意义[J]. 现代农业, 2005 (10):7.
[3] 刘莉. 2007年华北、东北公路工程造价管理联络网会论文集[C]. 北京:人民交通出版社, 2007.
[4] 付洁, 张文清, 李宇慧. 浅谈水利水电工程造价控制与管理[J]. 内蒙古水利, 2002 (4):3.

浅析某医院工程室内管线的综合设计及施工

王钟雨

北京希达工程管理咨询有限公司

摘　要：对于大型公建施工来说，建筑室内管线的设计、施工因其涉及专业多、节能要求高，管线的综合排布显得越来越重要，结合某医院建设监理过程，特别是室内精装吊顶内给水排水、消防水及空调水管、通风排烟管道、强电及弱电设计与施工的具体实践进行以下探讨：各参建单位列出常见问题，不同专业审核图纸，对管线综合部分直接提出要求，首先从设计方面解决了施工过程中大量的设计变更和工程洽商及拆改确认问题，其次从施工工艺步骤中进一步协调解决现场其他问题。结论是各施工单位参与，以设计为主，提前编制管线综合图并在施工中落实。

关键词：室内管线；管线；综合剖面图；监理机构

引言

随着我国国民经济的增长，建筑市场也得到迅猛发展，建筑设计复杂程度不断提高，设计周期也越来越短。因此，建筑室内管线综合的设计越来越重要。结合某医院的管线综合施工的监理工作，主要做以下小结。

一、常见问题

1. 大管线跨越防火分区、穿越防火卷帘，严重影响净高（建议穿防火墙体，净高富足时另做考虑）。

2. 风口与喷淋头多处重叠。

3. 管线与柱子、构造柱交叉，暖通风管较常见。

4. 需要供电的机电设备无配电。

5. 上空（无楼板）位置或其边墙上出现管线。

6. 上下层共用一个喷淋系统（通常出现于"上空"的大堂、会议厅等这类高大空间）。

7. 建筑结构局部墙体（包括玻璃幕墙）、楼板无预留设备孔洞、套管、百叶等，或者预留位置、大小不当。

8. 建筑内部或外墙的门窗（尤其是窗，包括幕墙）顶梁设计安装，未考虑管线安装的空间，导致立面效果变差。设计过程中应考虑预留一定空间，节点大样中宜示意相应的顶棚净高控制线。

9. 地下人行隧（通）道的采光天窗满开（开间方向），无预留管线安装空间。

10. 消防栓立管或消火栓箱安装在疏散楼梯平台处，影响消防疏散宽度。在有条件的情况下，消火栓立管仍设计在靠车位的一侧安装，影响车位宽度。

11. 设备底图与建筑平面不一致，甚至结构柱网与建筑平面不一致。

12. 本专业的图层不清晰，一个图层表示多种不同属性的图形。

二、解决问题的基本思路

工程建设中，按照以下基本思路进行：

由建设单位项目总工牵头，由精装专业监理工程师和设备安装专业工程师具体组织，施工总承包单位具体实施，各专业施工单位根据既有图纸提出需求，然后由业主联系设计单位建筑专业主设计，其他专业参与绘制管线综合布置图，施工现场仍由施工总承包单位组织各专业施工单位提出问题，循环此步骤，最终绘制终版的管线综合布置图。

三、从设计方面进行解决

（一）管线综合协调图

管线综合协调图将在同一楼层上的给水排水、空调通风、强弱电、消防等机电专业管线分不同颜色、不同粗细线条描绘在同一张图纸上，并根据汇总图综合考虑，采用最经济、合理的方式排布各管线的走向及标高，让施工技术人员对不同专业的设备位置、管线走向一目了然（图1）。

（二）管线综合协调图对施工的指导

1.解决管线的碰撞问题：由于各设备专业的设计者在设计时，首要考虑的是本专业功能需求及管线排布，所以不可避免地会造成与其他专业管线的交叉、碰撞。在绘制综合管线图的过程中，绘图者（设计）及时地向业主及监理工程师、总包反馈交叉、碰撞的问题，并同时提出相应的解决建议。在与业主及监理工程师、总包充分商讨、论证后，确定最好的解决办法，从而将碰撞问题在安装前即得到解决。

2.更具指导性：各机电专业分包在施工时，可参考综合布线图调整本专业的走向及标高，从而大大减少工程的返工，并可根据管线的排布情况，综合考虑支吊架，这样将简化施工，大大提高工作效率。

3.有效控制净高：在绘制此图时，监理或项目管理机构还要求设计人员充分考虑业主对各功能分区的净空要求。对于不同的要求，采用不同的排布办法，并尽量在不增加造价的基础上，提高净空高度（图2）。

4.有效控制造价：由于解决了管道交叉的问题，返工的工作量减少，相应的造价也将降低，同时，综合支吊架的使用及对净空高度和相应造价的权衡，会给业主提供可靠的依据，从而使业主能更好地在施工过程中控制造价。

5.便于质量控制：由于综合协调图是所有管线的汇总性图纸，所以在施工过程中，使得业主、监理及总包可以从整体上去监督、协调，合理排布管道和设置支吊架，方便了对施工过程的质量

 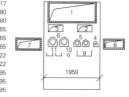

1.新风管1600×630　标高+4.17
2.新风管400×320　标高+3.80
3.工艺排风管400×320　标高+3.80
4.蒸汽管DN65　标高+3.65
5.供回水管2×DN125　标高+3.65
6.采暖水管2×DN200　标高+3.65
7.空调送风管800×320　标高+3.22
8.空调回风管630×250　标高+3.22
9.强电桥架300×100　标高+2.95
10.喷淋主管DN150　标高+2.95
11.弱电桥架200×100　标高+2.95

图2　管线排布图

控制。

6.控制空间效果：管线经过综合梳理，使得即使在无吊顶的情况下，管线安装后在视觉上仍然整齐、顺畅，提升建筑空间品质。

7.前期工作：管线综合在设计初期（方案深化或初步设计）介入对各专业都非常重要，这样能够有效控制建筑空间的整体效果。结构、设备根据建筑设计要求，估算并控制好梁高、设备管道大小等影响空间高度的主要因素，做好管线分层，最终确定合理的层高及吊顶净高。

另外，管线综合对建筑投入使用后的维修及以后的扩展起到重要的作用。

四、从建筑工程现场施工中解决

（一）基本原则

1.不同管线工种的施工安装单位，在安装前应以本图为基础进行协调，以保证安装完毕后各管线位置准确无误，保证管底净高。

2.消防干线桥架、母线槽距主梁底不小于100mm安装，喷淋主管、给水排水管、消火栓环管（穿梁敷设的管除外）、冷冻及冷却水主管（其吊架避免安装于行车道上空）贴主梁底安装；当电缆桥架与母线槽、喷淋主管、消火栓环管交叉时，电缆桥架上弯乙字弯过母线槽、喷淋主管、消火栓环管；当消火栓管与自动喷淋

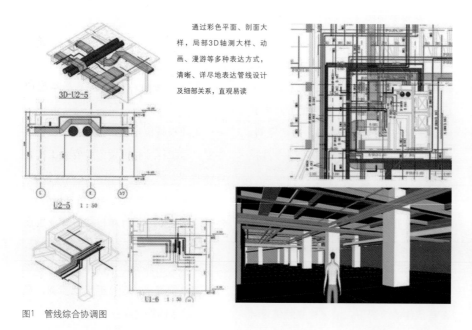

通过彩色平面、剖面大样，局部3D轴测大样、动画、漫游等多种表达方式，清晰、详尽地表达管线设计及细部关系，直观易读

图1　管线综合协调图

管交叉时，自动喷淋管下弯乙字弯过消火栓管；当电缆桥架、喷淋主管与冷冻（却）水主管、排水管交叉时，电缆桥架、喷淋主管上弯乙字弯过冷冻（却）水主管；空调风管与排烟风管安装于电缆桥架、喷淋管、消火栓管下方；当排烟风管与空调（送）风管交叉时，空调（送）风管上弯乙字弯过排烟风管。

3. 当梁、通风管道、排管、桥架等障碍物的宽度大于1.2m时，其下方应增设喷头。喷头避免安装于风口、排烟口下方。

4. 大尺寸风管、烟管等交叉重叠部位避免设置吊架，保证重叠后管底净空。

5. 当喷淋头上喷遇桥架、线槽或大水管时，喷淋头考虑合理移位调整。

6. 施工方需考虑处于密集成排的母线槽、桥架区域下方的风管、水管等管线的吊装。

7. 电动排烟口下方不允许有障碍物阻挡。吊顶上的风口、排烟口与喷头重叠时，喷头做适当的移位调整。为避免车库区域沿墙柱面安装的消防立管及消火栓箱、下排风管等被擦撞，需做好防护措施。

管线安装原则：（垂直方向由上至下）电、水、风。遵循有压让无压，小管让大管的原则，保证排水管排放坡度。

水平方向：设备根据建筑平面做初期管线走线布置，确定水、电、暖通各自分边（层）、平行而走的基本走线方向原则，找出本专业及各专业管线交叉、重叠集中之处（尤其是设备房周边的走道区域），留出适当的检修空间，结合净高要求，重新调整某些管线位置、大小等，甚至调整建筑平面；为利于结构计算设计，设备确定主要管线的走线后，需要向结构提供过大管线（如地下室的冷冻水管、大风管等）的具体位置及荷载数据，避免设计后期的大动作修改（图3、图4）。

（二）建筑机电与土建综合预留、预埋说明

1. 设备与土建综合协调图

以综合管线图为依据，在确定了管线的走向后，将所有穿墙、穿楼板的预留洞汇总在一张图纸上，既要有主要路由的断面表达，也要有管线系统表达，形成包括了所有预留洞、预埋件的设备与土建的综合剖面图。

2. 设备与土建综合协调图对施工的指导

1）提高效率，降低造价。由于设备与土建综合协调图是以管线综合图为

依据，所以按此图指导施工，减少了由于管线改位而造成的返工，并且也在一定程度上减少了凿洞、补洞等工作，不仅提高了施工的效率，而且也相应降低了造价。

2）便于与土建协调施工。通常建筑上的留洞位置要随设备的选型、管线的改位等因素影响而改变，有了设备与土建综合协调图，使土建在预留洞施工时更加方便，机电与土建的配合工作也更加容易协调。

3）便于过程中的控制。由于设备与土建综合协调图是所有预留洞的汇总性图纸，所以在施工过程中，无论是业主、监理，还是总包、分包，都可以从整体上去监督、协调，方便了对施工过程的控制。

3. 与精装修的配合

建筑空间净高要求明确，由建筑设计主导装修设计，有效控制整体空间效果，这要求装修设计一早介入为宜，较好地把握管线，特别是减少消防喷淋头、照明灯具、风口等对吊顶或玻璃屋顶，消火栓等对墙面的影响。管线综合过程中通常发现有风口与喷淋头重叠、通高多层的上空出现管线的问题，这些需要

图3 现场管线图

图4 现场管线排布图

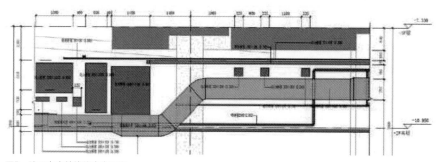

图5 地下车库管线综合布置图

图6 地下车库现场管线排布图

设备专业深入全面地了解建筑空间形态。在此医院工程管线安装及精装吊顶封板过程中，由于3层门诊走道不仅有常规管线，还连通南侧ICU/CCU病房，气动传输等多种医用特殊管线，排布后吊顶不能满足设计净标高要求，监理组织业主、设计、总包及分包经过多次会议讨论，现场断面实测试排，优化节点方案终于达到了设计及规范要求。

在地下车库管线安装过程中提前进行管线综合布置图设计，如图5。

地下车库管线尽量敷设于停车位上空，留出行车道上空较高、干净的效果。如条件限制，管线非要安装于车道区域，建议管线靠车道两旁柱子或墙体安装，做出管线层次分明、整齐、有序、理性的效果（图6）。

（三）一般步骤

1.建筑：熟悉建筑各层平面，主要包括建筑防火分区、功能分区，以及不同功能的建筑之间的关系（交接、转换、错层关系等），还有立面、剖面。尤其是剖面，对把握建筑层高、空间关系至关

重要。另外，立面上的开洞或者是百叶，牵涉到管线大小、标高、定位等。在实际工程中，基本都会发现管线与建筑立面不对应、不合理的问题，造成建筑立面不协调。

2.结构：结构对空间有影响的主要因素是梁高、降板、反梁、梁宽、上层的电梯扶梯底坑等，以及节点复杂的部分，还有夹层这类空间。

3.给水排水：给水排水包括给水系统（含热水的供、回水管）、排水系统（含雨水、污水、废水、冷凝水等）、消防系统（含消火栓管、自动喷淋管、气体消防系统等）等。

4.暖通：暖通包括空调系统（冷冻水、冷却水、冷凝水、风机盘管等）、通风系统（排烟、排风、送风、新风、补风）。

5.电气：电气包括强电系统含电视、电话、网络、视频监控等（含配电、照明）、弱电系统（含门禁及监控）、消防系统（火灾自动报警系统、气体消防系统）。

结论

此医院工程通过建设单位牵头、监理项目管理机构具体组织监督管理，设计单位具体进行设计和总包单位及各家专业分包施工单位参与落实，最终达到满意效果。此处要强调的是，在进入建筑施工图会审及后续精装施工图设计阶段时，必须由设计先期设计管线综合布线图，不能由各家专业分包施工单位各自为政，自行施工，等到出现问题后通过设计变更或工程洽商的形式进行逐步施工，那样造成的弊端无处不在，后患无穷。

参考文献

[1] 建筑给水排水及采暖工程施工质量验收规范：GB 50242—2002 [S]. 北京：中国标准出版社，2004.
[2] 通风与空调工程施工质量验收规范：GB 50243—2016[S]. 北京：中国计划出版社，2017.
[3] 建筑电气工程施工质量验收规范：GB 50303—2015[S]. 北京：中国建筑工业出版社，2015.
[4] 智能建筑工程质量验收规范：GB 50339—2013[S]. 北京：中国建筑工业出版社，2014.
[5] 建筑装饰装修工程质量验收标准：GB 50210—2018[S]. 北京：中国建筑工业出版社，2018.

工程管理过程中信息化的运用

吴晶　徐长前

上海宏波工程咨询管理有限公司

摘　要：在"互联网+"趋势下，信息化已渗透到工程建设领域，推动管理模式转型升级。结合上海浦东新区农村污水治理项目，分析信息化在进度控制、质量管理等方面的实际应用，为信息化在工程建设领域的广泛推广提供借鉴。

关键词：工程管理；信息化；运用

一、基本情况

（一）项目概况

浦东新区农村污水治理项目是上海市浦东新区结合"美丽乡村、美丽庭院"的创建，实现全区农村污水治理基本全覆盖的目标、改善全区水环境的具体举措。项目计划总投资 71.89 亿元，涉及 21 镇、17.23 万户农户、13 万栋民宅，惠及 86.4 万人口。上海市浦东新区水务局（以下简称"新区水务局"）、上海市发改委于 2019 年 5 月完成相关批复。8 月完成 30 个子项招标工作。21 个镇政府作为项目法人，签订设计、监理、施工等合同 120 份。

项目面广量大、工期紧张、人员众多，现场情况繁杂，质量、安全、进度要求高。传统监管模式难以实现监管全覆盖，信息沟通效率较低，无法把碎片

工区整合协同，因此，需要创新管理思路。新区河长办、新区水务局于 2018 年 12 月启动了"农污信息化监管平台"（以下简称"监管平台"）的研发工作。监管平台从需求整理到开发测试迭代，历时 8 个月，进行了大小 20 余次调整。上线后，目前运行良好，效果显著。

（二）监管平台实施主体、服务对象及适用场景

委托方式：新区河长办牵头监管平台的相关研发工作。平台委托具有项目管理实践经验的上海宏波工程咨询管理有限公司（以下简称"宏波公司"）开发，负责需求整理、技术实现等工作。

平台定位：以行业主管部门新区水务局、建设主体（法人单位）各镇为中心，参建单位为用户，通过施工期间信息采集，发挥对施工行为的监管作用。

场景流程：按照统一标准，设计单

位将管网拆解成携带地理位置等信息的管段、窨井、化粪池等 9 种部件。项目共拆解成 154 万个管网部件。开工前，设计数据入库，平台按照规则，自动给每个部件生成唯一编码（二维码），同步在 GIS 图中发布。

所有管材供应厂商，按照统一要求，在平台登记送货信息，每批次导入送货数据。现场管材统一粘贴材料码（二维码）。材料码携带厂家品牌、规格型号、批次等信息。

施工过程中，现场人员，按照"系统打码、现场贴码、手机扫码、定位拍照"的标准动作，实现管网全要素信息的回溯、关联。

（三）组织保障重点，采集场景痛点及技术难点

在本项目监管平台运用中，以问题为导向，遇水架桥，夯实组织保障，解

决采集场景痛点，攻关具体技术难点。

在组织保障层面，区河长办编制操作手册，组织双周路演，培训考核上岗，对系统进行大开发量的压力测试。目前累计培训路演 8 轮，培训考核 2600 余人，培训电脑管理员 4 批次，共培训 229 人，形成了从管理层到一线工人，千人一个动作。这是监管平台能够成功应用的关键因素。

研发团队以实事求是，以人为本的态度，解决采集场景痛点，花力气提升一线工人手机软件（APP）的用户体验，简化功能，压缩填报、防呆设计。

在开发进程上，新区河长办提出了三阶段用户观：一阶段服务面广量大的一线工人；二阶段服务项目代建、法人用户；最终满足新区水务局的宏观监管需求。系统开发进程遵循了上述梯次渐进的原则。

在开发过程中，研发团队先后攻克了海量数据导入、坐标转换、实时编码上图、管线变更新旧替换、虚假数据识别干预等技术难点。例如，如何让不同管理水平的施工工区班组按照图纸在现场找到位置，贴对码，就是比较具体的技术问题。

二、监管平台的特点和创新点

（一）委托模式不同

软件开发，产品经理是灵魂，"懂业务，懂开发"的团队是关键。在监管平台委托方式上，新区水务局另辟蹊径，委托宏波公司，主要原因是看中其长期深耕项目管理业务和信息化创新。

（二）设施数据化

按照上海市排水行业编码规则，结合工程实际，将管网拆解为管段、窨井、化粪池、提升泵站等 9 种约 154 万个标准部件，按照统一规则，对每个部件生成唯一的编号和二维码。将 154 万条管网部件按经纬度在地图发布应用。

（三）两码贯通

本项目贯彻两套二维码。一是材料二维码。出厂材料统一粘贴材料二维码，材料码携带厂家品牌等信息。二是管网部件二维码。施工过程中，一线人员 APP 标准动作，二维码信息 + 照片 + 定位的关联绑定。

（四）验评思路

坚持互联网思维。找到合适的工作"入口"，实现对"面"的监管。常规项目管理系统按照质量、进度等职能维度设计功能，按项目划分（WBS）进行分解，通过各类验评表载体，规范施工行为。

本项目监管平台功能设计，通过管网"部件"，以"物"管控"施工行为"。

在现场 APP 功能上，取消了施工申请，监理验收的"线上"流程，采取双方"背靠背"扫码拍照方式。这种方式的优点在于：一是适应了一线人员动态进出的客观实情；二是避免发生"绑架监理、合谋串供"的现象；三是通过拍照，有图有真相，直接影响工人施工行为。通过这个"入口"，再管住建设，也为后续长效运维形成了管网数字资产。

（五）监管数据化

项目最终将形成 300 万条扫码数据，600 万张照片。利用扫码数据，"按时间、按镇、按单位、按人、实时"多维度统计，测速预判，建立了参建单位的"赛马"机制，压实责任，实现压力下传。

通过扫码数据，计算施工速度，预测完工工期。在 21 镇、5 家施工单位之间形成工期排名。通过材料送货数据，展示材料流向，刺激厂家，调动"场外"力量，联合打假。

统计错扫、漏扫码数据，对施工单位和工人进行刺激。将设计变更数据作为"设计深度够不够"和"施工克服现场问题能力高不高"的"晴雨"指标。

（六）图形可视化

由表及图。平台将多张汇总表，抽象浓缩成形象图进行发布。目前，已经上屏"概况、扫码、进度、材料、差错、变更"等主题的数据看板。新区河长办、新区水务局通过每周例会点评，以图会意，以图释放管理信号。

三、监管平台的应用成效

项目还在紧锣密鼓施工中，当前工人约在 1.5 万人左右，平台注册 79 家单位，在线人员 2600 余人，日并发量 1.7 万条，日上传照片 3.4 万张，厂家送货累计 6300 批次。系统应用初步成效如下：

质量实效：形成管网"部件级、全要素、实名制、图文并茂"的数据，推动参建单位切实履行质量终身制，确保项目投资落到实处，民生工程，惠及民生。

进度实效：6 个月施工期，71 亿投资，4838km 管线埋设工程量。工期预测上线后，通过排名实时显示，激发各参建单位的主观能动性，大幅加快了工程进度。

示范效应：通过本项目信息化实效应用，已在本市其他区县管网项目形成一定的示范带动效应。

运维价值：监管平台采集的管网数据，实现了同步绘制矢量竣工图，最终形成管网"一张图"。改变了竣工后重复现场复勘，制作数据的做法。这是长效运维的"数字资产"。

课题标准：新区水务局正在组织相关单位，总结经验，启动管网标准化设计和管网基础数据标准的课题研究工作。

四、监管平台的可推广性

从多个角度看待本项目监管平台的推广价值：

标准化设计和BIM应用关系。本系统结构通俗的说是"二维"管网模型，强化了"I（信息）"的深度，是"性价比"较高的BIM实战案例。今后可在类似项目上，推行标准化设计和简版BIM应用。

在项目类型方面，本项目系统适用于"空间大尺度（如流域性），面广量大，结构可标准化"的基本建设项目。

在监管模式方面，本项目信息化应用贯通了"建、管、养"数据，适用于"建、管、养一体"和强调"数字资产"的项目。

变间接监督为垂直监管。在组织架构方面，本项目新区水务局作为行业部门，与项目法人没有行政上下级关系，与参建单位没有合同甲乙方关系。监管平台实现了数据垂直监管。这种组织架构相较于部委和属地、集团和子公司、多法人项目有类似之处，可供借鉴。

在信息化推进模式上，本项目委托熟悉业务单位，三阶段定义用户，敏捷迭代。在系统培训推广方面，甲乙双方形成合力。这些具体措施对水利信息化建设推进有一定的参考意义。

监管平台坚持需求导向、问题导向、效果导向为目标，自下而上进行设计开发，使平台更适应工程应用、管理需求，更有助于解决现场的问题，使管理达到过程工序可视化、管理形象化、数据原始化、质量可追溯化、后期运行方便化。积极响应政府提倡的"依托人工智能、物联网、云计算、大数据等现代信息技术"，实现"城市运行一网统管"的要求。

在"互联网+"趋势下，信息化已渗透到工程建设领域，监管平台推动了管理模式转型升级，推动了传统建筑产业创新发展、转型发展，促进了企业转型升级。

强化政治站位 铸造精品京雄

——河南长城咨询在京雄城际铁路建设中创新管理的实践

河南长城铁路工程建设咨询有限公司

京雄城际铁路是雄安新区外围交通网的标志性、先导性工程，是承载千年大计运输任务，支撑国家战略的重要干线。河南长城铁路工程建设咨询有限公司作为京雄城际铁路的监理单位之一，自2017年底京雄铁路开始建设以来，牢记政治使命，不忘监理初心，围绕"智能高铁的新标杆，铁路高质量发展的新样本""绿色京雄、人文京雄、精品京雄"的建设理念和目标，强化政治站位，大胆创新管理，充分发挥企业文化的引领和推动作用，在人才队伍建设、监理过程管控、科研成果转化、信息技术应用等方面多策并举，创新方式方法，充分发挥了监理的职能作用，实现了监理服务升级，树立了长城咨询的良好形象。

一、注重团队文化建设，打造过硬监理队伍

河南长城铁路工程建设咨询有限公司京雄城际铁路二标监理项目部承担着9个施工标段的工程监理工作，监理任务重，协调难度大，现场情况复杂。监理项目部以人为本，迎难而上，充分发挥长城咨询公司企业文化的引领和示范作用，加强监理队伍建设，在监理人员选拔、任用、业务培训、职责分工、岗位责任制落实、监督检查、考核评比、优化岗位配置、廉洁从业等方面认真落实公司的管理体系，不断提高团队成员的综合业务素质，成功打造出一支业务精干、作风过硬的监理队伍。

（一）将服务宗旨融入监理团队的思想

项目成立之初，便将公司的服务宗旨"服务为先，指导为上，监督检查，整改到位"监理16字方针张贴于宣传栏里，编制于监理月报中，印刷在监理日记上，通过会议、培训、案例讲解、思想教育等多种形式，将企业服务宗旨灌输于每个监理人员思想中，强化对京雄城际铁路建设的质量责任意识，迸发他们干事创业的激情。

（二）强化奖惩，弘扬监理正能量

监理项目部本着"奖惩结合，有功必奖，有过必罚"的原则，不断规范员工日常行为，在原有日常考核的基础上细化奖罚措施，对表现优异的监理人员进行表彰，并在全体监理大会上分享工作经验。对被上级单位及监理项目部检查

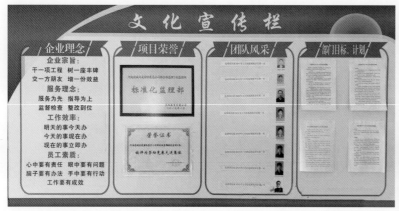

监理项目部文化墙

监理业务培训

发现问题的监理人员，除按照考核进行处罚外，还需在专题反思会议上作检讨。监理项目部每月坚持做好项目考核工作，公开通报奖惩，将月度评比第一名的监理组长照片张贴在监理项目部宣传栏内。每月评选"京雄之星""优秀监理组"，每年评选"优秀员工""先进集体"，营造学习先进、争当先进的良好氛围。

（三）持续充电储能，打造高素质团队

监理项目部定期对监理人员进行业务知识培训及考试，通过多种方式开展验标、规范学习及专业交底培训工作，不断提高监理人员业务能力和专业水平。为提高培训质量和效果，监理项目部采用PPT课件讲解、轮流分享经验、现场教学、VR安全体验、反思会等各种形式，让监理人员参与互动，相互交流，达到讲练结合、相互学习、共同提高的目的。比如，针对各标段路基存在的共性问题，总监组织各部室逐工点对现场施工、监理人员进行"验收标准"及"设计要求"等相关内容的提问，对于不能熟练掌握标准的人员进行点对点、面对面讲解培训，让监理人员掌握设计文件内容，搞清、弄准工程几何尺寸、内部结构要求等。通过持续"充电"，监理团队综合业务素质显著提升，监理作用更加凸显。

（四）强化廉洁从业，营造清风正气

监理项目部按照公司要求不断加强监理人员职业道德与廉洁从业教育，通过警示教育等形式，引导监理人员守底线、讲规矩、知敬畏、存戒惧。同时要求所有监理人员上场前签订廉洁承诺书，在监理项目部设立举报箱，制定"监理人员十不准""监理人员职业守则""廉洁从业规定"等一系列制度，定期征求

施工单位意见，对不廉洁苗头及时进行廉洁谈话，防患于未然。

二、强化监理过程管控，助推科研成果落地

（一）技术交底到现场。监理项目部强化交底培训工作及落实情况的监督，现场监理人员要现场参加施工单位安全质量技术交底，促进该项制度严格落实，形成常态化。总监不定期组织现场施工单位管理人员、施工劳务人员、监理人员进行班前交底，对施工各项工序要点进行详细讲解，有效防范了施工质量问题及安全隐患的发生。

（二）实施提级工序报验制度。严格工序检查验收，针对检查验收过程中存在的质量安全问题，及时督促施工单位现场专职质检人员整改落实；对质量安全通病或整改不到位的问题再次进行报验的，现场监理工程师拒绝验收，并通知施工单位负责人进行整改报验；如继续存在整改不到位现象，实施提级报验制度，由总工验收合格后报管段副总监复查，确保问题能及时有效整改到位，上道工序不过关，决不允许进入下道工序。

（三）推进标准化管理。一是现场管理标准化。在硬件建设方面，建成了标准化监理项目部，项目部办公、洗浴、空调、就餐、文体活动等设施一应俱全。二是人员配备标准化。根据监理规范结合现场施工进度，配齐、配足投标承诺专业监理人员，确保现场专业不缺，岗位不空。三是管理制度标准化。根据《铁路建设项目标准化管理》的要求以及公司的管理体系，制定了《监理项目部管理制度汇编》，将其中近60个制度悬

监理巡视检查

挂在监理项目部办公区及试验室。四是过程控制标准化。除了各专业的监理实施细则以外，公司还编制了近20个专业的《监理作业指导手册》，并发放到每个监理人员手中，随时用以指导现场监理工作的开展。

（四）严格质量安全红线管理。根据铁总及建设单位要求，监理项目部编制了《质量安全红线监理管理实施细则》，严格落实红线管理规定，落实质量安全防控措施，履行监理质量安全监管职责。每月针对施工标段组织开展质量、安全红线问题综合检查，对检查出的问题实行"零容忍"工作机制，及时下发监理通知单、工程质量安全检查通报，并建立问题库，严格闭环销号管理。通过对工程质量安全等问题进行统计数据分析，找出问题产生的原因、发生的频率，采取预控措施，减少及防止问题再次发生，做到了坚决不触碰红线。

（五）强化监理巡视。监理项目部组织各专业力量，成立巡视小组，对检查中发现的问题进行记录，并留存影像资料，向现场监理组下发巡视检查记录，巡视小组狠抓整改措施的落实，将质量、安全隐患消除在萌芽状态。针对现场检查发现的问题，纳入监理人员日常考核范围，促使各级监理人员从"不想管、不愿管、管不管都一样"迅速转变为"想管、敢管、会管"的状态。

（六）强化信息沟通。监理项目部监理管段内涉及3个站前施工标、2个四电标、1个铺轨施工标、1个无砟轨道施工标，涉及施工单位多，与施工单位的沟通协调更显重要。在日常工作中，定期与施工单位项目经理等主要领导以电话交流、见面座谈、专题会议等方式及时沟通，了解和掌握各方信息，及时协调各方关系，解决实际问题，耐心向施工单位解释各项标准、制度的落实，让他们切身感受到监理的服务；监理项目部实行24小时值班制度，晚上十一点、十二点正常接待施工单位来访，并让施工单位给我们提意见、提要求、提合理化建议，让他们感受到我们诚恳的工作态度和服务质量，真正做到监帮结合，顺利推进工程建设。

（七）助推科研成果落地。在京雄铁路科研课题实施过程中，监理项目部对其研发质量、进度、效率和效益等进行调研检查与分析，定期参与科研课题协调会，掌握科研课题的进度、质量及资金落实情况，在确保实现科研项目研究的正确性和合乎规律性的同时，每月与建设单位对照课题创建内容和要求，采取静态检查、调查等形式，找准问题和差距，确保全面达标，稳步有序开展科研推进工作。监理项目部和建设、设计、施工单位以及中国铁道科学研究院、石家庄铁道大学等单位组成科研团队，通力配合、协同作业，进行科研攻关，共同开发了铁路装配式一体化施工体系，形成了可复制的成套技术方案，培养了一批成熟的技术工人和创新团队，对未来高铁装配式一体化技术发展提供了良好借鉴。中国国家铁路集团有限公司相关领导充分肯定了装配式一体化桥梁施工技术的创新成就和应用价值，并提出在盐通铁路和雅万高铁推广使用的计划。

三、借力"互联网+"，促进监理服务升级

京雄监理站在监理过程中，大胆探索，勇于实践，将远程监控、监理过程数据上传、BIM技术应用、办公OA、手机终端APP工程管理等互联网信息技术广泛应用于工程监理，拓宽了监理的监控方式和手段，提高了监管效率，促进了监理服务的升级。

（一）工程工序验收接入铁路工程管理平台。京雄城际铁路的工程质量验收全面接入铁路总公司的铁路工程管理信息系统，路基、桥涵、隧道、小型构件等工程质量检查验收，全部以视频拍摄方式全过程记录，并及时将视频文件及验收签认结果传送至铁路工程管理平台，确保了工程验收的真实性、实时性和可追溯性。

（二）混凝土质量手机APP动态监控。监理工程师在手机上安装混凝土温度监控系统APP，通过移动端能够24小时监控拌和站混凝土出机温度及现场混凝土结构养护温度变化情况，并增加了混凝土温度变化预警功能。针对拌和站出机温度报警的问题，能够做到第一时间组织施工单位查明原因，制定整改措施，确保了混凝土施工质量。

（三）推进BIM技术在桥梁施工中的运用。在固安特大桥跨廊涿高速128m连续梁转体前，监理站组织施工单位运用BIM动画进行转体演示，共同梳理各种转体细节问题，对工人进行可视化交底，让他们直观看到重点部位甚至细节部位的施工安排和管线排布情况。组织施工、监理共同对现场每道工序进行全面排查，确保顺利转体。

（四）铺轨首次采用"北斗"定位系统。在监理标段内，铺轨首次采用

了加装中国自主研发"北斗"定位系统的铺轨机，机身前后方安装摄像头，实时传输线路上机车运行画面和行驶速度，确保铺轨作业运输智能化、信息化。监理项目部与中铁十二局搭建起国内铺轨作业领先的运输调度智能化控制平台，实现了铺轨作业运输调度指挥信息化、机车运行监控实时化、施工安全管理系统化、统计分析自动化四大目标。

（五）现场监理工作全面纳入公司监理通办公信息系统。长城咨询公司引入监理通信信息系统。京雄监理站接入监理通系统后，施工现场从材料进场报验到监理平行检验，从技术交底到方案审批，从旁站、巡视、检验批及分项分部验收、监理指令、问题库及整改到监理日志、日记等内业资料，从计划制定到监督考核，整个"三控两管"全过程尽在监理通信息管理系统内一一呈现，项目总监足不出户用电脑或在手机端即可对现场施工、监理情况了若指掌，存在的问题一目了然，真正做到了实时动态监控。在线办公的方式彻底改变了传统监理思维模式，监理从身后绕到身前，从事后验收转变为提前预判、防患于未然的理念通过大数据分析及软件预警正变为现实，监理服务借助于信息系统得到了质的飞跃。

结语

参与京雄城际铁路建设让我们倍感光荣，同时深感责任重大。我们将进一步落实国铁集团"强基达标，提质增效"的工作要求，强化政治站位，认真履职担责，创新服务方式，展现监理作为，为把京雄城际铁路建设成为精品工程、智能工程、绿色工程、安全工程而不懈努力！

建设工程项目管理实施的基本思路

曲玉海　　张恒

山东诚信工程建设监理有限公司

摘　要：建设工程监理制度的建立和实施，为工程质量安全提供了重要保障。国家根据当前监理行业现状及建筑工程发展需要，倡导促进工程监理行业转型升级和创新发展。就目前工程监理服务转型升级为建设工程项目管理服务，如何转变工程监理思维为整体项目管理思维，本文从管理思路方面提出自己的认识和见解。

关键词：工程监理；项目管理；管理思路；转型升级

一、项目管理整体思路

建设工程项目管理是指在业主授权范围内，接受业主的指令、指导和监督，对其负责，承担相应责任。遵循策划、实施、检查和处置的动态管理原则，实施各项工作，包括以下几个方面：组建项目管理机构，建立项目管理制度，确定项目管理流程，实施项目系统管理，以及持续改进管理绩效。

（一）机构建设

1.自身管理机构建设

建设项目管理自身机构的建设是指监理企业参与本项目的项目管理机构建设，是对参与本项目管理的专业技术人员组织架构的梳理和建设，在项目的建设中处于核心位置，是从整个项目的角度来统筹规划安排，因此在人员配置、专业搭配方面需严谨认真，充分发挥人的专业特长，以便整个建设工程项目的顺利圆满实施。

在自身的项目管理机构建设方面，需要进行参与成员的职责划分，做到目标明确，分工合理。必要时，监理公司其他支持部门也要在公司的统一调配下，分担部分项目管理职责，例如，特殊的分部分项工程需要专业人才指导。

2.项目组织机构建设

项目组织机构是指参与工程项目建设各方的项目管理组织，包括建设单位、设计单位、监理单位、施工单位和分包单位，也包括工程总承包单位、项目管理单位等参建方（图1）。

（二）流程建设

项目管理阶段划分：前期阶段（接受阶段、前期办理手续、招投标办理）、中期阶段（施工准备、施工、竣工验收）和后期阶段（缺陷责任期），明确各阶段

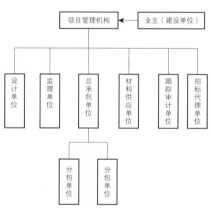

图1　项目组织机构框架图

的工作内容及流程，设定并管理项目里程碑，通过不断实现小的胜利来实现项目大的成功。

按照整体进程和施工专项进行责任分解：工程报批、施工图设计、技术方案、图纸会审、招投标工作、质量、进度、投资等控制、组织协调、竣工验收，做好项目管理人员职责分工，同时保持检查、监督（表1）。

项目实施过程任务分解 表1

项目管理工作	参与的主要管理人员
项目的报批、要求政府部门出面解决的事项	项目负责人、项目技术负责人
工程的报批报建手续	项目负责人
施工图设计、施工技术方案	项目负责人、项目技术负责人、现场管理专业工程师
图纸会审	项目技术负责人、现场管理负责人、监理单位
项目管理工作	全员参与
招投标工作	项目负责人、项目技术负责人、招投标单位
质量控制	全员参与
进度控制	全员参与
投资控制	全员参与
合同管理、信息管理	项目负责人、项目技术负责人、信息管理专业工程师
组织协调	项目负责人、项目技术负责人、专业工程师
竣工验收	全员参与
完工交付业主	全员参与

（三）制度建设

综合考虑项目特征、合同约定、管理模式和规范标准等因素及实际的管理需要，充分征求参建各方意见，结合业主方管理制度以及本项目管理目标，协助建设单位建立本工程项目管理制度，同时严格管理制度，做到政令畅通、信息及时通报，明确工作奖惩措施，为工程圆满完成做好制度保障。

项目管理制度包括以下几个方面：

1. 项目管理机构管理制度；
2. 监理机构的管理制度；
3. 施工现场管理制度；
4. 工程质量管理制度；
5. 工程进度管理制度；
6. 工程安全管理制度；
7. 工程成本管理制度。

（四）信息建设

1. 按照项目管理的目标划分信息类型：信息基础资料（管理日志）、项目管理控制资料（质量、进度、安全）、信息档案（结合本省档案归整要求及业主对档案资料接收的要求）和其他信息类型（项目管理信息、来往函等）。

2. 将项目参与各方的信息管理职责进行划分，按照信息管理制度及时收集资料并按照各自对应要求进行归档。

3. 收集项目各参与方（业主、承包人、监理等）信息识别并分析处理，根据需要分发参建各方。项目信息管理的范围包括文字资料、图纸、照片和音像资料等。任何单位和部门发出和接受信息资料，均应按有关制度的规定给予相应的编码，并按规定进行管理。定期向建设单位提交项目管理周月报，必要时甚至提交日报，反馈需决策的重大事项。

4. 文字记录：项目管理团队各成员养成做笔记、日志的习惯，每天固定时间汇总个人日志、笔记，综合成项目管理日志，这对项目管理的工作目标实现非常重要。

（五）团队与文化建设

项目团队是一个整体，成员与项目团队的目标一致，成员不但应具有较强的决策能力、指导能力、规划能力、施工组织能力、质量检测能力，还应熟悉各专业的施工工艺，具有严谨的工作作风，能够严格执行操作规程和施工标准。

要建立"项目利益高于一切"的文化理念，营造"平等、沟通、合作、共赢、融合"的工作环境。

1. 团队及文化建设的方法

1）尊重：坚信"团队每个人都是有优点的"，充分地发挥团队成员的优点。

2）沟通：把情况了解上来，把影响施加下去。

3）服务：立足于服务团队建设和服务业主的心态来工作。

4）协调组织。

2. 团队及文化建设的措施

1）项目团队目标一致，各团队成员凝聚一起，这是团队建设的首要前提。

2）抓好学习建设，打造学习型团队。

3）在招标阶段对项目管理团队管理人员素质要求必须明确。

4）项目实施时组织参建各方签署项目文化宣言、廉洁承诺书。

5）针对项目建设各阶段的进度、质量、安全及综合管理等实际需要，分别策划并协助建设单位组织实施文化与团队建设主题活动。

6）在具体实施过程中对人员到位率严格控制，项目管理机构负责人对项目团队建设和管理负责，组织制定明确的团队目标、合理高效的运行程序和完善的工作制度，定期评价团队运行绩效。

二、项目管理控制重点

（一）择优选择参与单位

重视各参与方资格及参与人员的选择（设计、施工、监理、审计），招投标前做好前期的考察和评估，选择责任心强的单位及参与人员，对于完成工程建设目标具有非常重大的意义，因此需重视各参与单位的社会信誉。

（二）进度管理

1.事前控制

1）总体策划阶段，制定项目建设总体网络工期和目标分解。

2）依据总体网络工期制定招标计划，在招标文件、承包合同中预先设定科学的各合同工期，对合同工期的实现制定监督、考核奖罚条款；同时，协助业主编制工程资金计划和工程配套计划（图纸计划、招投标计划、采购计划、分包队伍进场计划等）。

2.过程控制

1）总体施工进度计划的编制及施工进度控制计划执行情况的检查。

2）从项目组成、承包商、施工计划、施工阶段对工期进行分解，作为进度控制的依据，明确项目实施的里程碑节点和总进度计划中的节点目标，跟踪检查进度计划的执行情况，对比分析实际进度与计划进度，发现偏离，认真分析产生偏差的原因及对后续工作和总工期的影响，采取合理调整措施，确保进度目标的实现。

3）进度管理工作计划可按月、周等不同阶段细化分解，如有必要可细化到日，项目管理机构持续跟踪和关注，及时发现工作滞后或偏差，提出调整建议并督促落实。

（三）质量及安全管理

1.事前控制

1）在施工招投标阶段合理划分施工标段或按专业实行施工分包，择优选择承建商，这是质量及安全目标保证的基础。

2）质量及安全目标体系的确定。为确保质量目标及安全管理目标的实现，项目管理机构将从总体上构建参建各方（监理、施工、材料供应商等）在内的工

程质量保证体系及安全保证体系，明确各方在建设阶段的主要职责和义务，明确项目管理人员的岗位职责，由项目管理人员负责在各建设阶段督促和检查各方及其人员职责和义务的履行。

3）客户敏感质量问题控制。客户敏感的质量问题常常被施工企业和监理单位认为是工程质量通病的质量问题，应从质量通病的源头进行控制，包括：防水工程、抹灰工程、管材阀门、电气安装等。编制施工质量标准、验收标准和保证措施严格要求施工企业和监理公司将问题解决在施工过程中。

4）根据合同要求，与监理单位对施工单位的施工组织设计、施工方案中的质量及安全保证措施进行审核。严查监理单位的监理规划及监理实施细则，以便于监督监理公司的质量管理行为。

5）样板引路。重复循环施工作业的分部分项工程和操作工艺，都必须样板引路，这是保证施工质量的重要管理措施。

2.过程控制

1）施工过程中设置质量控制点，每一分部工程的实体质量必须符合设计要求，必须达到施工质量验收标准。通过检查督促项目监理机构工作质量的方式实现对工程实体的管理，充分发挥现场监理的作用，完成项目建设质量和安全管理目标。

2）工程巡查管理：制定巡查计划，明确各阶段巡查的主要内容和关键控制点，确定责任人及巡查频率和时间，要留有书面的巡查报告，并责令施工单位对不合格项进行整改，监理单位监督落实。

（四）投资管理

1.事前控制

工程造价控制的关键在于设计，实行标准设计、限额设计、进行价值工程

分析。项目管理机构在施工承包阶段协助编制招标文件，确定承包合同价。

2.过程控制

在施工阶段编制资金使用计划，并且严格控制设计变更，合理进行现场签证。

1）严格控制设计变更，合理现场签证的确认：项目管理机构对现场签证、零星工程等洽商进行严格审核，保证签证的合理性与必要性。现场签证按照规定流程必须在规定的时限内以书面形式提交，且具有施工、监理、审计、项目管理机构现场负责人的共同签字，方为有效。

2）索赔与反索赔：对于施工企业和供应商的索赔与反索赔，项目管理机构及时根据工程和物资合同，及时收集有效资料和证据，要做到事前把关、主动监控。

结语

建设工程项目管理是要求参与其中的监理机构人员站在整个项目的立场和业主的角度来考虑问题，以高效实现项目目标为最终目的。管理理念与思维也要转变，做好项目前期策划，充分调动参与各方的积极能动性，发挥各参与方的作用，解决建设项目管理中的"做什么""怎么做""谁去做""何时做""何时完"等问题，实现组织管理高效团结运行，方案技术趋于完善合理，最终建设工程各项目标得以实现。

参考文献

[1] 建设工程项目管理规范：GB/T 50326—2017[S]. 北京：中国建筑工业出版社，2018.

[2] 山东省工程建设标准建设工程项目管理咨询规范：DB37/T 5096—2017[S]. 北京：中国建筑工业出版社，2018.

以项目管理思维开展全过程工程咨询

周俭

贵州三维工程建设监理咨询有限公司

摘 要：本文以全过程工程咨询的发展现状为切入点，通过在已开展全过程工程咨询服务工作中的摸索，站在监理企业的角度探索如何采用"1+N"的模式，将项目管理思维应用到全过程工程咨询，提出在全过程工程咨询服务中实行项目经理责任制，加强对BIM的应用及加强监理和设计工作的有效搭接，以期对监理企业的转型升级及全过程工程咨询的推广使用提供借鉴。

关键词：全过程工程咨询；1+N；项目管理；转型升级

一、"1+N"的项目管理思维

全过程工程咨询服务，即全过程一体化项目管理服务，肩负着解决传统"碎片式"咨询服务中出现的目标不够统一、信息传导失败、管理出现裂缝等问题，修复不同阶段之间界面的接触及对接问题的重任。所以全过程工程咨询服务不仅是将全生命周期中监理、造价、招标等"N"个专业咨询服务进行叠加，重点在于将各阶段的业务有机整合为一体，着眼于建设项目的总体价值，全面提升自身服务的标准、能力、理念，对项目建设的整个过程进行系统优化。因此，以实现围绕业主的项目建设目标进行"1"的整合和"N"个专业咨询的集约化项目管理尤为重要，也是全过程工程咨询的核心灵魂。

二、案例分享

（一）项目简介

贵州省贵阳市某产业园项目总投资约200亿元，规划范围用地总计约为75.13hm²（1127亩）。

（二）工作战略

1. 提高重视：由集团董事长挂帅，积极推动全过程工程咨询。

2. 补短板：与贵阳市某设计公司签署战略合作协议及建立专家库。

3. 组织结构调整：组建级别高于各专业咨询部门的全过程工程咨询项目部。由"大项目经理＋若干项目助理"组成职业项目经理人团队，由该团队去整合其他业务板块，其他业务板块同时具备各自项目团队。

4. "1+N"模式

解决"1"的问题：采用"大"项目经理责任制，建立全过程工程咨询项目部，培养输送职业项目经理。

解决"N"的问题：前期由高层领导亲自挂帅指挥，定期召开项目协调会，待各业务领域磨合顺畅、建立服务意识之后，逐步形成大项目经理指挥的长效机制。

（三）"大"项目经理责任制具体做法

"大"型项目管理团队较各专业咨询板块具有的项目管理团队层级更高、管理工作更复杂的特点。

贵州三维工程建设监理咨询有限公司采用矩阵和项目型混合组织结构，针对这个项目，在集团公司的全过程工咨询业务范围内，组建级别高于各专业咨询部门（或子公司）的全过程工程咨询项目管理部门，在企业内部选拔技术能力、沟通能力、创新能力较强，工作经验丰富的职业经理人进入该部门，为项目匹配投融资、前期策划、报建报批、财务测算和现场项目管理等专业拔尖人才，重点培养输送全过程工程咨询项目的项目经理和项目经理助理。签订全过程工程咨询合同之后，任命"大"项目经理。"大"项目经理根据项目的规模大小、繁杂程度和领域划分设立项目组，其他咨询部门根据项目阶段，听从"大"项目经理指令，开展专业咨询。"大"项目经理作为项目牵头人，全面负责项目实施的组织领导、协调和控制，并相比专业部门（或子公司）负责人对全过程工程咨询项目具有优先指令权。

集团公司全过程工程咨询业务能力以外的工作，以与其他公司组成联合体的模式参与该项目。借助其他专业公司成员的力量，取长补短，发挥自身的核心优势，实现跨行业之间的联合，实现资源的有效配置，有效减少单个企业的建设成本投入和风险，实现费用分摊和风险共担。

（四）服务内容

传统单项咨询服务内容包括前期决策咨询、审批手续办理、勘察、设计、招标代理、造价咨询和监理等。

实际服务内容有实施方案（包含投融资、法律、税务、组织结构等）、联合竞买土地方案、项目公司组建方案、合作条件测算、招标采购、市场调查分析和设计方案审查及优化等，可见全过程工程咨询远不止建筑工程领域。在这一点上，公司与业主方对全过程服务范围的认识也存在偏差。

三、全过程工程咨询实践重难点探讨

运用"1+N"的项目管理思维开展全过程工程咨询需要解决两个问题："1"如何提高集成化项目管理能力和积极性的问题；"N"具体融合哪些单项咨询服务内容，如何管理界面融合的问题。

"1+N"模式重难点在于，要在做好"N"项咨询工作基础上，协调"1"的作用，运用综合智力策划和集成化服务实现项目统一目标的增值服务。

（一）"大项目经理"制的责权——"1"的问题

无论是大型项目公司的内部项目经理制，还是联合体下牵头企业项目经理制，都应适当调整项目经理的责权，才能更好地展现牵头作用。一是费用保障，内部项目经理应有薪酬奖励应高于其他专业咨询部门，联合体的项目经理企业应按一定比例计取总包项目管理费（《广东省建设项目全过程工程咨询服务指引（咨询企业版）》有明确提到全过程工程咨询服务计费方法可采用"1+N"的叠加计费模式，文件明确"1"的收费标准，建议全国推广）。二是制度保障，项目经理对参与的其他专业咨询部门或公司，有考核的权利及咨询费支付的权利。三是思想的转变，相关专业咨询机构要在参与全过程工程咨询时转变观念和定位，要摒弃看重自身目标、秉持牢记项目整体目标的原则，知晓子系统的平稳运转才能更好地辅助全过程工程咨询这个大系统，要服从项目经理企业的指挥管理，服从统一的项目管理制度。

（二）全过程工程咨询服务范围定义——"N"的问题

全过程工程咨询的范围除监理、勘察、设计、招标代理、投资咨询和造价咨询外，还有环评、节能、土地和市政等。业主单位专业能力不一，对全过程工程咨询认识不全面，导致与服务机构理解错位，难以根据项目实施需要合理选择全过程工程咨询服务；招投标时，服务内容较多，难以准确描述，咨询服务合同边界条件很难清晰界定；现阶段全过程工程咨询服务收费依据欠缺，各单位投标时报价口径不统一，导致业主所需服务内容与服务收费不对等，影响咨询服务质量。

针对以上问题，建议规范统一全过程咨询的服务菜单，实现业主"1+N"点单式购买服务。其中"1"是指全过程工程项目管理费，"N"包括但不限于：投资咨询、勘察、设计、造价咨询、招标代理、监理、运营维护咨询等专业咨询费（表1）。

（三）全过程工程咨询招投标困境

根据现行《中华人民共和国招标投标法》《中华人民共和国建筑法》《中华人民共和国政府采购法》，全过程工程咨询所包含的招标代理、造价咨询、设计、监理、勘察等工作在招标方法、启动时间和招标前置条件三方面存在差异和错位情况。工程咨询和招标代理可直接委托，设计、监理、勘察必须进行公开招标，造价咨询可采用政府采购；工程咨询在决策阶段开始招标，造价咨询和招标代理在准备阶段启动；监理、设计和勘察招标的前置条件又是必须完成可行性研究或初步设计。

采用全过程工程咨询，面临如上的困境，建议探索在项目决策阶段进行服务清单招投标，对各专业咨询分别报价，报价可采取结合市场直接报价、收费标准下浮率或按照国际上通行的人员成本

全过程工程咨询服务范围 表1

项目阶段	咨询内容	业务委托选择
全生命周期	全过程工程项目管理	
	BIM	
项目决策	投资机会研究分析	
	项目建议书编制	
	产业定位策划或功能研究	
	环境评价	
	地质灾害评估	
	规划设计	
	可行性研究报告编制	
	资金申请报告编制	
	PPP项目咨询	
准备阶段	勘察	
	施工图设计	
	招标代理和政府采购	
	工程造价咨询	
实施阶段	项目管理	
	监理	
竣工验收	竣工验收交付管理	
运营维护	运营管理	
	项目后评价	

加酬金的方式报价。这种方式利于后期实施过程中的考核评价、咨询内容调整及结算的管理。

四、监理单位的转型升级

大部分监理企业见证了监理行业从最初的受人礼遇,到如今由于受价格恶性竞争、内需乏力、经济增长放缓等因素影响,受到的巨大冲击。在监理单位迫切需要转型升级的形势下,国家、各地方建设主管部门及行业对监理企业发展方向做了相应的引导,鼓励必须依法实行监理的工程建设项目采用全过程项目管理咨询服务。

监理企业开展全过程工程咨询管理具有的优势:优秀的监理公司深谙项目管理之道;监理工作见证了项目生产实现的大部分内容;有些有远见卓识的监理企业在推行全过程项目管理之前就已认清形势,主动发展工程代建制、监管一体化和全过程工程项目管理等业务模式。将项目管理方法运用到项目不同阶段,监理企业在人才积累和组织配置上为全过程工程咨询业务的开展奠定了良好的基础。

以监理业务为主导的企业应当抓住当下转型创新发展的契机,认清发展全过程工程咨询的大趋势,积极推动全过程工程咨询。

结语

传统建筑行业在过去30多年的发展中,逐渐形成勘察、设计、施工和监理等各方面责任较为清晰的角色分工和责任体系。在考虑我国国情及市场需求,围绕市场化、国际化的改革方向,需要将项目建设过程中的项目策划、投资咨询、勘察设计、工程监理、成本控制和运维管理等相互融合和渗透。

将项目管理分解整合的管理方法应用到全过程工程咨询的每一个阶段,配以"1+N"的项目经理责任制,制度上联合,目标上统一,实现项目建设目标的最大化。

参考文献

[1] 王宏海, 邓晓梅, 申长均. 全过程工程咨询须以设计为主导建筑策划先行[J]. 中国勘察设计, 2017(7).
[2] 白思俊. 现代项目管理 [M]. 北京: 机械工业出版社, 2016.
[3] 陶丽. 建设项目全过程工程咨询的控制要点研究[J]. 经营管理者, 2014, 5 (24): 301-301.
[4] 杨学英. 监理企业发展全过程工程咨询服务的策略研究 [J]. 建筑经济, 2018, 3 (39): 9-12.
[5] 皮得江. 全过程工程咨询解读[J]. 中国工程咨询, 2017 (10): 17-19.

以忠诚践行责任和担当，用履职体现监理服务价值

——武汉火神山医院建设全过程监理咨询服务实践

吴红涛

武汉华胜工程建设科技有限公司

引言

武汉火神山医院的建设，聚全国之力与疫情赛跑，与时间博弈，打响了疫情防控的人民战争、总体战、阻击战，彰显了中国力量、中国速度和中国智慧，书写了建筑史的奇迹！正因为其特殊性，其建造过程被央视 24 小时直播，4000 多万人次的"云监工"见证了其震撼的施工场面，但背后的监理工作遇到了哪些困难？如何顺利开展？如何把监理的角色做成了建设单位信赖的伙伴？恐鲜有人关注。笔者有幸作为火神山医院项目的总监理工程师，觉得非常有必要站在监理咨询服务角度，总结在火神山医院建设全过程监理咨询服务过程中的些许心得和体会，以铭记火神山医院项目监理部战友那段艰辛而光荣的历程。同时，笔者也由衷地体会到，只有"忠诚"于业主和项目，才能践行责任和担当；只有履职尽责，才能真正做好监理服务工作，体现监理服务价值，提升监理行业形象。

一、武汉火神山医院简介

武汉火神山医院，是参照 2003 年抗击非典期间"北京小汤山医院"模式，用十多天时间建设一座专业传染病医院，用于集中收治新型冠状病毒肺炎患者。医院位于武汉市蔡甸区武汉职工疗养院，总用地面积 51000m²，建筑面积 33941m²，可容纳 1000 张病床，设有病房楼、ICU、医技楼、药品库房、雨水收集系统、污水处理系统，配套的垃圾暂存间、氧气站房、吸引站、焚烧炉、太平间等。

在疫情肆虐、天寒地冻、场址复杂、武汉封城的严苛条件下，华胜公司的 30 多名监理人员会同 2000 余名管理者、12000 多名建设者忘却生死的奋战，于 2020 年 2 月 2 日 10 时，将医院正式交付中国人民解放军联勤保障部队，2020 年 2 月 4 日 9 时，收治第一批 50 位患者，2020 年 2 月 10 日完成全部建设内容，2020 年 4 月 15 日正式休舱。火神山医院有着高质量建造水平和军医们医治效率作为保证，在平稳运行 73 天里累计收治病人 3059 人，治愈出院 2961 人，收治和治愈数量均为武汉市第一，实现了治愈率最高、死亡率最低、医务人员零感染、收治患者零投诉的"四最"目标。

二、临危受命，党旗飘扬铸忠诚

2019 年 1 月 23 日夜，武汉华胜工程建设科技有限公司接到建设指挥部下达的增援火神山的工程监理任务。公司党总支立即以电话会议方式召开支委工作会议，在公司全体党员和入党积极分子中发出号召，个人自愿报名、组织选派，成立一支由 30 名党员干部组成的"党员突击队"参与战斗，公司党总支书记、董事长，武汉建设监理与咨询协会会长汪成庆同志挂帅任指挥长，笔者有幸作为总监理工程师参与战斗。

"与时间赛跑，让火神山十天后成为救治病人的主战场！"带着这样的使命，华胜项目监理团队克服承受巨大的心理和生理压力，与疫魔竞速！在火神山上的日日夜夜，留下了永生难忘的人生记忆；在火神山飘扬的党旗下，用行动诠释了监理人的忠诚、坚定的信念、责任和担当！

三、监理组织结构与监理工作策划

（一）项目组织架构

公司董事长任总指挥，公司党总支两位支部委员（公司副总）分别任资源保障负责人和现场协调负责人，并直接协助总监理工程师工作。现场按施工区域划分为 4 个监理小组（横向），明确责任组长及组员的职责分工，另按技术、安装、造价、信息分组（纵向），明确责任组长，形成了矩阵式的组织管理结构。做到了合理调配监理资源，充分发挥个人特长，加强各区域、各专业之间的协

调和信息交流，确保现场 24 小时有监理值守，有问题能找到责任人。

（二）监理工作策划

1. 监理工作目标

配合项目指挥部的统一部署，不惜一切代价，不讲任何条件，克服一切艰难险阻，集中一切可以集中的人力、财力、物力，保证做到：医院 2 月 3 日前正常投入使用；2 月 4 日具备接受第一批病人条件，质量确保达到传染病医院验收要求；现场无监理责任的重大质量、安全事故；无投诉和媒体的负面信息报道。

2. 质量控制重点

场地标高、基础回填、防渗膜施工、集装箱板房安装、屋面防水、病房负压值、高压供电、污水管网及水处理系统、氧气及吸气系统、防雷与接地。

3. 编制的监理方案文件及有关制度

"监理规划""安全管理监理方案""防疫工程监理方案""进度管控监理细则""临时用电监理细则""大型施工设备监理细则""防渗膜施工监理细则""深基坑施工监理细则""通电调试监理细则""各类管道试压监理细则""会议管理制度""项目进度报告制度""变更签证管理制度""工程竣工验收方案""火神山医院竣工验收表格"等。

4. 检测工具配备

自动放线机器人（放线定位复核）、3D 激光扫描仪（土方计量）、无人机（人材机取证）、游标卡尺、各类卷尺、插座检测仪、万用表、接地摇表等。

四、监理工作方法及亮点

（一）站在使用功能角度完善设计

本项目属于典型的"三边"工程（边设计、边施工、边修改），项目监理机构充分发挥全面掌控现场第一手资料优势，站在病人、医护人员和军方管理的角度，以及功能实现、安全使用、便利运维的角度，充分考虑所处地理环境、材料设备供货等实际情况，将超前思考与后期运维相结合，积极组织协调设计单位做好设计图纸的"查漏补缺"工作，不断完善设计图纸，从源头上保证了项目的安全、可靠、适用、好用、好修。

1. 完善雨污系统，保环境安全

1）项目监理机构建议污水处理站区域增设排水泵，被采纳。雨水泵入污水调节池进行处理，再进入蔡甸石洋污水处理厂。解决了原设计中污水处理站区域雨水散排直接入湖问题。

2）项目监理机构建议深化溢流管消毒系统，被采纳。规避了雨水直接排湖的风险。解决了极端暴雨天气超出雨水调蓄池处理能力时，含有病毒的雨水直接从溢流管排入毗邻的知音湖，导致湖泊污染的问题。

3）项目监理机构建议将清洁区污水与污染区污水分开收集，而后分别进入清洁区污水接触消毒池和污染区污水接触消毒池，被采纳。规避了 3 个风险：一是防止两股污水在同一消毒池中融合后，给病房洁净区带来不安全因素，将其分别排进不同消毒池后可以消除该隐患，确保医护人员工作区域不受污染；二是由于清洁区污水与污染区污水病毒含量差别很大，消毒时二氧化氯投放量必然有所差别，实行分类加药处理，有利于环保要求；三是减少了加药量，可以有效节约运行及维护成本。

2. 优化电气系统，保运行安全

1）第一版设计电气设计图纸为箱变和发电机组各一路电源，形成"一主一备"电源给各楼一级负荷供电，若遇市电故障，发电机启动恢复供电一般需 30 秒，不符合军方的要求。建设单位组织项目监理机构会同国家电网工程师商议研究，增加室外 ATS 箱（切换时间在 1 秒以内），利用原两路市电形成互为备用的双回路作为楼内的主供电源，发电机组作为应急备用电源，以形成"一主两备"的供电格局，保证了医院供电的安全可靠。

2）第一版 ATS 的设计方案增加的 ATS 室外箱是 50 台，监理方审阅图纸发现少了 8 台，当即与设计人员沟通，最终确认按 58 台进行紧急订购。2 月 7 日凌晨，这批及时供货的 ATS 箱全部安装到位，确保了 2 月 8 日的整体竣工。

3）设计图纸中，集装箱、氧气站、吸引机房等未明确接地做法。监理人员向设计人员建议利用金属本体作为引下线，与基础接地进行连接，如测试达不到设计要求（小于 1Ω），就增设接地极，设计人员及时出具变更图。监理人员于 2 月 8 日对项目所有建筑物、附属设施接地电阻进行了测试，均小于 0.5Ω，完全满足设计及规范要求。

3. 督办结构加固，保建筑安全

原设计图纸未对加氯间板房、出屋面风管（高度不小于 6m）、汽化器、围挡（高 3m）等设施做抗风性能深化设计，监理工程师以《监理工程师通知单》形式要求加氯间板房内部框架拉结加固，风管、汽化器、围挡等增加缆风绳加固，并给出了具体做法。2 月 14 日，火神山医院所在地遭遇 8 级大风和暴雨袭击，历经了暴风雨洗礼，完好无损。

4. 增设屋面防水，保使用安全

原设计图纸未设计屋面满铺防水，项目监理机构说服设计院和施工方并以监理通知单形式要求屋面满铺防水卷材、优化出屋面风管细部防水做法，得到了指挥部的认可并采纳。2月14日的暴风雨验证了屋面满铺防水的重要作用。

（二）主动谋划，多管齐下控进度

如何抢进度、提速度？项目监理机构进场的第一件事，就是结合现场人山人海的工作面，按专业分工提出各自的关键工序、质量控制点、工程设备、材料和人员的需求和合理的进退场时间。

1. 优化交通保进度

项目开工时，仅有的一条道路为西侧的知音大道主干道与北侧加油站入口处的一条4m宽水泥路，各种车辆、成千上万人进出场拥挤不堪，知音大道上堵满了来自全国各地的援建车辆（设备、物资），最多达到了6km。资源进不来，土方出不去，导致前面两天现场交通组织凌乱，进度明显与总控计划滞后，怎么办？监理工程师提出，必须提前拆除新建污水站位置的门房和三层房屋，打通场内环路，同时打开项目西侧的原有围墙开便道至主干道，打开主干道中间的车道分隔栏杆，并要求施工方组织专职人员指挥交通，确保车辆有序进出场。此建议迅速得到采纳，武汉市交通局增派多名交警协助指挥交通，解决了交通组织问题，施工现场豁然有序，各类资源迅速达到现场，进度得到了保证。

2. 技术手段推进度

施工单位和设计单位提出把整个场地调整到设计标高24.6m，场内东南角沼泽洼地需要外调5万m³土方回填。监理工程师考虑到当时春节期间土方外调、场外堵车等因素，认为此方案不可行，向工程指挥部提出就地平衡土方，Ⅰ病区（二层楼区域）高程降到21.8m；Ⅱ病区高程降到23.6m，保持

1.8m高差，把医院分成两个大病区，中间错台用钢构连廊连接。这一建议很快被指挥部采纳并予以实施，使得3天之内完成近20万m³土方的场平工作，较施工单位提出的外调土方场平要求提前2天时间完成。

3. 整合资源推进度

军方对本医院的氧气、吸气系统要求非常高，而本项目进场的氧气施工队伍实力较差，且焊工严重不足，直接影响如期交付。为此，项目监理机构向指挥部建议在现有班子基础上，迅速用行政手段组织外部专业力量如武汉钢铁公司等专业队伍进场，指挥部迅速采纳并连夜调集80余人专业队伍进场，24小时不停歇工作，最终按既定时间2月9日下午6点完成了建设任务并向军方全面移交。

4. BIM团队做支持数据支撑推进度

针对现场施工进展快，土方计量工作难度大的现象，华胜公司的BIM团队进场。每4小时使用无人机和3D激光扫描仪对把原始地貌和适时地貌进行3D激光扫描和飞摄，土方、机械、人员和现场适时情况均进行了有效记录，给项目监理机构和指挥部提供了一手的工程进展状况影像数据，为决策者们适时对作业状态进行调整提供了科学便利的手段。除此之外，本工程还建立了若干微信工作群平台，部分工作在平台里展开讨论，提高了效率，方便了工作，营造了"线上线下互动，场内场外交流"的良好工作氛围，促进了工程建设各项目标的顺利实现。

（三）严管严控，全过程抓质量

监理团队集思广益，预判可能会发生的质量隐患，将其作为监理控制要点并全过程跟踪，确保万无一失，真正成为火神山建设的"防火墙"，成为医护人

员安全的"守护者"。

1. 全过程追踪隐患，妥善处理质量问题

污水管井、管道施工质量是项目监理机构的管控重点。监理工程师在施工前就给施工方做了面对面交底并下发《监理工作联系函》，提出"滴水不漏"的总要求。施工中，监理工程师巡视发现接触消毒池进口处污水井管口封堵不严实，立即要求施工方整改，施工方以抢工期为由，不但未意识到后果的严重性，反而认为小题大做，强行回填。2月2日，军方接管病房时进行全面清洗消毒后，监理工程师发现管井周边回填土大面积返潮下陷，立即要求施工方返工，并向武汉市政质监站汇报，市站迅速成立专家组赶赴现场处理。由于检查井和管口封堵单位分别由两家单位施工，相互推卸责任。监理方出具回填前的影像资料，为调查组提供了有力证据，施工单位心服口服进行返工，确保了工程质量。

2. 全数检查垫底气，精益求精交答卷

1）对安装质量的管控

监理工程师们使用插座监测仪表、氧气表、接地摇测表、水下机器人等设备对12127个插座、844个氧气口、163个污水井、73个雨水井甚至674个房间门锁的开启方向都一个不落地进行检查；对477个卫生间试水，对卫生洁具进行了全数检查。

2）对与负压有关的质量进行管控

对有负压要求的医技楼、病房、走道、门窗、传递窗、管道井、管道口等接缝处的严密性进行了从上到下、由内而外，从土建到安装的全断面、全方位检查。

3）采用合适有效的方法进行管控

对于检查中发现的大量问题，工程

监理人员采用"分区分块、盯人销项"的做法，督促施工方整改落实到位，且未影响如期交付。

（四）重点检查把关键，保障质量与安全

1. 重要部位的旁站

细部质量及重要部位隐蔽的旁站：屋面防水细部施工；对屋面管道出口、接缝等薄弱环节进行冲水试验；外墙门窗洞口做冲水；卫生洁具、排水管做通球试验。

2. 屋面动火的旁站

在后期加盖斜坡屋面施工时，监理人员严格做好动火管理。对有焊接作业的装修施工严格动火作业制度，并录音、录像发指挥部和消防中队，经批准动火后才能作业，工程监理人员实行跟踪旁站，严防火灾事故发生。对多台大型汽车吊同时进行吊装作业的施工场景，加强协调指导和及时提醒等。

（五）组织协调抓重点保目标

本项目建设中，监理工程师的协调工作量非常大，涉及设计与施工之间、总分包队伍之间、使用功能和现实状况之间、工序之间、土建与安装之间。为了加大协调力度，项目监理机构会同各总包单位每天早晚分别召开两次调度会，邀请建设指挥部的主要领导与会，把各方矛盾在会议上进行统筹协调，如在房屋箱体吊装作业与室外道排

争抢工作面的问题上，由于都要在规定的时间节点完成工作任务，就发生了一起网上疯传的"群体冲突"事件。发生冲突时，监理人员主动上前协调两家企业，并提出了"分段式移交工作面、分段破路"的思路，得到了两家单位的理解。

（六）超值服务担当中显作为

监理人员除在施工期间提供监理服务外，还主动组织并承担了项目的竣工验收工作。指挥部高度信任项目监理团队，直接委托华胜公司牵头组织后续的运营维保、竣工结算、2021年度的升级改造等重要任务。在2月10日医院竣工后，监理机构多次组织建设局、设计院、中建三局召开专题会，从应急工程特殊性考虑，决定本项目竣工验收过程资料本着实事求是、能收尽收、能补尽补原则，优化验收程序和资料架构，并于2月26日完成竣工验收工作，给火神山医院建设画上圆满的句号。

1. 优化竣工归档资料。项目监理部和档案馆充分沟通后，决定不做检验批表单，混凝土收集配合比和送料单、重要材料收集合格证，同类型材料、设备、构配件合并成一个表格用B6表填报，涉及环保、使用功能的必须按规范要求填报，如ICU楼的环境监测、CT机房的防辐射检验、屋面淋水试验、管道水压试验等必须提供保证资料。

2. 优化验收表格和程序。项目监理部针对项目特点，不能按照验收规范的分部分项工程进行验收，在征得设计院和质监站同意后，编制竣工验收12个分部工程的验收资料清单和验收标准，大大减少了验收次数和签字数量。

3. 编制用户手册和应急预案。工程项目完成后，项目监理机构还为本项目编制了长达60余页的《火神山医院用户手册》和《火神山医院极端天气应急预案》。

五、监理作为的重要性

火神山医院的建设将写进史册，火神山医院进行了封存，其留给工程参建方尤其是工程监理的思考非常多。华胜公司项目监理团队人用誓言无声和尽职尽责扛起了监理人的使命，为武汉人民乃至全国人民建起了一座"生命安全岛"，从他们的身上看到了我国工程监理行业应对各种大考的智慧和履行工程建设责任的担当。

在项目建设过程中，监理单位有为才有位，有付出奉献才有收获，只有不断总结提高，提高工程监理服务水平，才能让参建各方顺利推进项目，让业主放心并成为其不可或缺的帮手，进而体现监理人的价值并促建筑行业高质量发展。

推动标准化建设　服务企业助发展

北京希达工程管理咨询有限公司

引言

近年来，国家大力推行监理企业的规范化、标准化管理，并从不同的层面发布相关监理工作标准，为监理企业整体素质、技术水平和管理能力的提高提供有力保障。北京希达工程管理咨询有限公司深刻体会到企业的质量保证在于科学管理，而科学管理的首要依据则是标准，只有以标准化为核心才能真正做到以质量、经济效益为中心，从而提高企业核心竞争力。所以，公司积极推进各项标准化建设内容，包括完善管理体系认证、加强信息化建设、规范工作过程、参与课题研究，总结形成了一套适用于自身企业发展的工作标准，并对员工进行及时培训，可以让工作人员更加明确检查验收重点、控制方法以及相关程序等，规范工作流程，提高工作效率。

一、希达咨询标准化建设内容

（一）完善管理体系认证

公司进行体系认证是管理走向规范化的重要途径，建立管理体系后，系统、规范的制度化文件成为企业员工遵守的内部法规，通过管理体系的日常监测与测量、管理评审及年度审核，公司能及时发现存在的问题，实现持续改进。公司 2002 年首次通过 ISO9000 系列质量管理体系认证；2006 年首次通过 ISO9000 系列质量、环境、职业健康安全体系认证；2020 年增加信息技术服务管理体系和信息安全管理体系两个体系资质。规范化的管理体系能够如一根指挥棒，指导着企业从管理的全局性、统筹关联性和前瞻性等角度细化并规范每一个制度和流程。

（二）加强信息化建设

信息化管理是手段，能够增强企业核心竞争力、提高企业效率和效益，通过公司信息化管理能够使工作更加规范化、标准化和简单化，各种流程更加便捷，工作过程留痕，提高无纸化办公效率。

1. 不断完善企业内部管理系统。公司目前各项流程基本都采用信息化手段，包括上级公司的财务共享系统、云享文档系统和科技信息管理系统等，而公司自身开发的系统包括综合办公系统和日志日记系统等。综合办公系统可以完成相关流程的快速审批，能够使盖章审批和资料借阅管理等流程更加规范化，并且留痕可查；公司项目监理机构采用日志日记系统上传工作过程中的日志日记资料，能够使相关资料上传、查看以及打印更加便捷，同时日志日记系统中采用标准化的模板，能够减少项目人员填报日志日记的随意性，由于系统设定日志只能当天汇总，保证了员工工作记录的及时性。

2. 加强 BIM 与实际业务相结合，探索项目管理过程的标准化。目前公司正处于转型升级的重要时期，承接了一些全过程工程咨询及项目管理的项目，公司探索将 BIM5D 平台与实际业务相结合，旨在实现信息化、精细化和标准化管理。目前，公司将 BIM5D 平台运用到广发金融中心项目中，并获得"2019 年北京市建筑信息模型（BIM）应用示范工程"。总包单位将现场发现的质量、安全问题及整改情况实时录入平台，辅助建设单位及管理单位的过程管理及问题分析，有效促进了各参建方的沟通协作，提高信息交互效率；管理公司实时将月报上传平台，方便查看，更好地实现资料共享和协同。通过 BIM5D 平台的运用探索项目管理过程的规范化和标准化管理，旨在总结经验，研究出一套公司的管理标准。

（三）注重员工培养，规范工作过程

1. 国家系列验收规范标准是工程建设的基本技术要求，公司为进一步提升工作人员的履职能力，提高现场工程质量管理水平，举办系列规范学习活动。公司提倡以项目部为单位进行学习，组织多种形式的学习活动，包括抄写规范、集体讨论、分析案例等，旨在让员工深

刻了解规范标准中的相关规定。公司为检验员工学习效果，在内部考试系统分专业进行考试，并选派相关人员参加北京市监理协会建筑工程系列验收标准（第一分册）知识竞赛，在三组团体赛中取得两组获得第一名的好成绩。

2. 公司组织多种形式的培训活动。疫情期间组织视频会议，针对《屋面工程质量验收规范》GB 50207—2012、《建筑节能工程施工质量验收标准》GB 50411—2019、《建设工程项目管理规范》GB/T 50326—2017 等内容进行详细讲解；组织青年员工培训会，经验丰富的总监讲解各个流程具体的工作过程；组织转型升级培训会，进行贯标体系宣贯和监理文件资料培训，让员工更加清晰地了解标准化的工作流程和文件。

3. 标准化的资料文件模板。公司总结出一套符合规范要求且适用于公司的资料文件模板，包括监理过程控制归档用表、监理规划、监理月报、会议纪要、旁站记录、监理工作总结和各类台账类表格等资料的模板，能够使公司员工填写过程资料更加规范化、流程化和标准化，能够对不同项目资料进行统一要求，对项目员工具有指导意义，避免不同项目资料产生较大差异。

（四）积极参与课题研究

1. 公司内部课题研究。公司每年都总结项目相关经验，研究形成相关专业的手册，总结出一套适用于自身企业发展的工作手册，到目前为止，已形成相关手册30余本，包括《安全监理工作手册》《型钢混凝土结构监理工作手册》《洁净厂房监理工作手册》《地源热泵监理工作手册》《人防工程建设监理指南》《建筑材料、构配件进场质量控制工作指南》等。手册可以为公司进行监理工作

培训提供依据，指导员工工作，并为公司今后业务拓展积累技术资料，便于进一步开拓市场。

2. 公司外部课题研究。公司积极参与建委、协会等各种课题研究，包括国标、地标、团标等，近几年出版的标准包括《信息技术服务 监理 第2部分：基础设施工程监理规范》GB/T 19668.2—2017、《建设项目工程总承包管理规范》GB/T 50358—2017、《建设工程监理规程》DB11/T 382—2017、《工程监理资料管理标准化指南（房屋建筑工程）》TB0101—201—2017、《工程监理资料管理标准化指南（市政工程）》TB0101—202—2017 等。公司在参与课题研究的过程中，可以提高相关人员对专业更深层次的认识，能够增强与外部专家的沟通，从而提高自身专业能力。研究的标准不仅可以作为指导公司内部员工工作的标准手册，更是为行业的发展贡献力量。

二、举例说明

本文以公司参与研究的"城市综合管廊工程监理工作标准"课题为说明对象，此标准由北京市住建委分管领导策划和参与审定，北京市建设监理协会组织编制，本公司为牵头单位开展具体相关工作。

（一）城市综合管廊工程监理工作标准的编制意义

目前，监理规程规定的监理工作程序，仅是笼统的、原则性的规定，是指导性文件，而对于城市综合管廊的具体工作内容，没有合适的操作性文件。为了更好地适应城市综合管廊的飞速发展，各监理单位需要将技术统一化和程序化，

不能靠人治理，要制度化。为加强监理工作和政府监管，2018年北京市住建委立项了"城市综合管廊质量控制与管理研究"课题，北京市建设监理协会承担了课题具体研究工作，本公司作为牵头单位开展具体相关工作。

（二）研究主要内容

"城市综合管廊工程监理工作标准"包括7个正文章节、4个附录，从技术管理工作、质量控制要点、安全生产管理的监理工作、工程资料要求等几方面对城市综合管廊工程的具体监理工作进行说明，同时，附录中的相关内容对实际工作也具有指导意义。

以公司为牵头单位开展的"城市综合管廊工程监理工作标准"的研究可以完善对于城市综合管廊工程监理具体工作的要求，对于工作流程、要点、方法、要求有更加明确的指引，能够为企业的具体工作提供帮助，助力企业更好地发展。通过此标准，企业可以更好地对不同工法、不同类型的综合管廊工程的质量风险控制点、安全管理风险控制点有更加清晰的认识，企业能够更好地开展工作，提高工作效率，规范工作流程，从而更好地树立行业的形象。

结语

企业标准化的关键在于贯彻和实施，只有强化管理机制，进一步规范管理行为，严格执行技术标准、管理标准和工作标准，才能使管理工作进一步制度化、规范化和标准化。公司将继续结合企业自身实际，按照规范化、合理化和科学化要求，加强企业标准化管理，重点抓好企业标准化的实施，探索出一条符合自身转型升级发展的道路。

浅析高海拔地区水库工程建设过程风险管理

——以青海玉树国庆水库为例

郑文博

晨越建设项目管理集团股份有限公司

一、国庆水库工程风险分析

（一）工程概况

玉树市国庆水库位于青海省西南部，扎西科街道果青村扎西科河支流果青沟的西支沟河流中上游地震断裂带处。区内地形以山地高原为主，整个地形呈西北和中部高，东南和东北低，地形复杂、地势高耸，地貌以高山峡谷和山原地带为主，间有许多小盆地和湖盆，区内平均海拔4493.4m。长江、黄河、澜沧江三大河流均发源于该地，素有江河之源和中华水塔之美誉。

全市纵跨长江与澜沧江两大水系，两大水系支流通天河、巴塘河、巴曲河在玉树市境内流过。扎西科河属于巴塘河一级支流，贯穿玉树市全境，在城市下游汇入巴塘河。因此水库原水水资源丰富，水质良好稳定。集水区目前的水质基本上为一级，所有主要水质指标均符合地表水环境质量标准。国庆水库工程建成后，将成为玉树市最大的水源供给地，预计将为玉树市区17.5万人和2万头牲畜提供居民生产、生活用水，以及为玉树市区周边2000hm²（3万亩）生态林地和133hm²（2000亩）设施提供农业灌溉用水。

水库所处地水沙条件变化复杂，河水湍急，自然条件诸如暴风、暴雨、暴雪、冰雹、强紫外线和山体坍塌滑坡、碱水贯流很是常见。此外，工程位于4400m高原，且规模大、工期长、系统复杂、影响因素众多，加之自然环境恶劣、施工条件差，因此在施工过程中面临着日较差大，年较差小，冬季长而寒冷，夏季短而凉爽，一年无明显的四季之分，只有寒、热两季之别，降水集中，干、湿季节明显等气候特点，以及高原人工、机械效率严重降低及地震、滑坡等各种不利风险因素。

这些风险由于工程实施而终与工程项目建设和管理呈现出直接相关，水库的建设和运行不仅涉及设计、施工和管理等方面，还存在着各种各样的不确定风险，而国庆水库工程是玉树市最重要的供水工程，特别是在玉树市长期缺水的饮水安全困难背景下，如果未能及时规避重大项目风险，可能造成严重的社会、经济和政治损失。因此，有必要对水库工程建设和运行中的主要风险因素进行识别和分析，并采取有效的防范和应对措施，有效地控制和规避风险。

（二）工程风险识别

根据长期从事水资源管理和风险管理的经验，重大工程项目的风险涉及政策、经济、自然、技术、管理等多个方面，不能只从一个方面识别风险因素。同时也要根据项目的特点采用多种风险因素识别的方法，在最大程度上分析水库工程在策划、设计、施工和安装过程中可能产生的风险因素。

本文从三个方面分别论述项目的潜在风险因素对于整个施工过程、项目实施顺序和工作分配结构（WBS）的影响，通过采用过程法、经验统计法和检查表法，以及列表法等不同质量统计方法综合识别项目的风险因素，其项目的总体风险是可以有效控制的。因此，将水库工程的风险因素按不同的分类方法进行分类，能够更好地分析和控制项目实施中的相关风险。

根据建设阶段风险源的不同，水库工程风险因素可分为建设阶段的风险因素和运行阶段的风险因素，具体各实施阶段风险因素又可以分成自然风险和人为风险两大因素。

因水库工程的设计和运行一直是全过程的，为了保证项目的顺利实施和运行，有必要对与设计相关的风险因素进行识别和分类，以便对设计风险因素进行识别控制。

（三）工程风险分析与评估

为了详细分析和评估水库工程建设和运行过程中的相关潜在风险，根据工期建设风险和运营期风险两个阶段，本文主要从自然风险因素和人为风险因素两个方面进行分析和评价。而风险分析方法一般包括风险评估法、定性评估法、主观估计法、蒙特卡罗模拟法、误差分析法和定量风险评估法等。鉴于项目属于大型公益性项目，很难量化不同风险因素对项目的影响，因此根据技术难度和工程各部分的重要性，主要采用定性分析的方法进行分析和评价。施工期自然风险主要包括河流变化、施工安全、施工过程影响，防寒，防汛，防暴风、冰雹及超标准洪水等自然风险因素。

1. 河床地形变化对水库建设的影响

国庆水库工程周边主要由两岸山地、河床滩地及坡地构成。由于本区域距两个一级构造单元唐古拉准地台分界的乌兰乌拉湖—玉树南深大断裂带（26km）和玉树—甘孜断裂带（1.4km）较近。

该两条深大断裂带，均为全新世活动断裂，沿断裂带地震活动频繁、强烈（如2006年7月18日玉树上拉秀5.6级地震、2010年4月14日玉树7.1级地震、2018年5月5日玉树5.5级地震）。加之本区域其他活动断裂带共计发育9条规模较大的区域活动断裂，以NW走向为主，其中全新世活动断裂5条，晚更新世活动断裂4条。区域断裂构造展布方向主要为NW、NNW向，分述如下：受长江径流和近岸河流流量的影响，水环境中的水动力条件非常复杂。在自然条件下，该地区河势复杂多变。

近年来，由于受到地震和山体滑坡影响，上游河道沉沙积聚变大，河道变窄，原巴塘河河道逐渐扭曲变化。随着巴塘河上游采砂及山体滑坡沉沙积聚影响，巴塘河不断受到沉沙及碱水侵蚀。一方面，导致水库拟建大坝区水上、水下地形

发生变化，大坝必须采取高强度抗震设防要求，增加了工程投资规模和施工难度。另一方面，由于河道沉沙及碱水大量注入，直接威胁拟建水库后期运行的整体稳定性，进而影响水库的整体安全，使饮水质量降低。在当前自然条件下，随着流域系统的逐步变化，风险发生的可能性逐步增大，因此河流相关地形的变化是影响工程建设的主要因素之一。

2. 施工安全及相关风险因素

针对大坝修建的自然条件、性质、设计和施工特点，结合已有工程的经验，对本工程的技术条件、性质、设计特点、材料设备供应等进行了分析，从技术和管理角度分析指出本工程存在以下施工风险因素：

1）水库工程位于4100m高海拔地区，项目所在水域暗沙较多，受地震和山体滑坡、采砂等多重动力因素的影响。河道水环境中的水动力条件变化非常复杂。水库的建设和滩涂、底质的保护必须在开通山体导流洞，完成临时导流系统之后，方可进行。

2）工程规模巨大，建设内容多样，包括开挖新建一座56m高，300m长的沥青堆石大坝、取水泵闸门、导流洞工程、溢洪道工程、交通洞工程、管理用房工程。建设施工周期紧、难度大、气候条件差、交叉口多、技术要求高，且山体存在大量V级风化岩层，施工过程异常复杂。因此，在施工过程中存在重大管理和技术风险。

3）项目水库水源沉沙量大，相应的入库沉沙量也大，因此水库存在沉沙淤积影响库容的风险。

4）该工程沟渠长，沟渠基础波动大，水流影响大，流态复杂。在施工过程中，更换水头和河滩的风险很高。

5）该项目石料用量大，沥青心墙填筑需完全采用碱性骨料。但工程所在地碱性骨料供应集中。目前，市场供应紧张，骨料采购供应能否满足设计要求是保证项目顺利实施的关键。

6）本工程防渗要求高，所需液态灌浆数量巨大（约400万m³）。集中供应水泥和控制灌浆质量是保证项目顺利实施和控制项目投资的关键。

7）工程整体处于4100m高海拔地区，存在严重人员缺氧、施工机械效率减半，暴风、暴雨、暴雪等不利天气频发，山体岩层风化、垮塌滑坡严重等各种相关不利施工作业条件的风险因素。

8）由于高海拔地区只有寒热两季的气候特点，工程处于两季施工，必须经过漫长的冬季和短暂的河流季节，因此在建设期间存在冬季寒潮和夏季防暴雨、防暴风，以及人员缺氧引发的窒息、脑肺水肿等人员安全风险。

上述建设风险因素发生概率较高，事发后会造成严重后果。至少会对项目的质量和成熟度产生重大影响，甚至可能导致项目投资规模的大幅增加。因此，上述施工风险因素是国庆水库工程建设和管理的主要风险因素之一。

3. 施工过程对两岸山体及上下游河滩面影响

由于新建大坝较长，大坝各部分同时施工，上下游进水塔及出水口闸室工程，以及大坝基坑大挖设和导流洞体的同时施工，导致工程风险因素呈直线上升。为保障工程的顺利进行，在初步设计中采用了数学流量模型来检验施工顺序和设计控制，因此水库工程的施工建设拟采取措施如：根据设计工艺能力进行"超前隧洞超前支护、超前灌浆"，以及"余排入沟渠"等必要的技术保护措

施。但由于水库工程区的河道的水动力条件和山体的稳定性系数极其复杂和敏感。项目所在地的河床表面为崩坡积物或冲洪积物等松散堆积物堆积形成的丝绸土，由于水流的作用，丝绸土很容易提升和移动。在施工期间，两岸山体由于机械的扰动，山体的Ⅴ类岩层存在大面积坍塌滑坡的风险。因此，施工对河滩和山体的影响已成为项目建设的主要风险。

二、水库工程主要风险应对

（一）河床地形及山体变化影响对策

鉴于正在建设的水库项目由于河流地形变化而产生的风险，玉树市组织西北勘测设计院和晨越建设项目管理集团股份有限公司结合实测数据进行风险分析，将2015年5月至2016年7月河流管理与数理模型研究的发展分析基于水库周围河流管理的历史和最新发展，以论证水库建设的可行性。前提是周围河势的发展可以合理预见，以便为项目计划提供依据和布局。结果，通过对河道设备演变过程、数学模型和物理模型的分析表明，水库所在水域河道演变近期相对稳定，但工程近场区发育甘孜玉树断裂和玉树南断裂为发震断层，具备发生7级以上地震的可能，水库场地距离甘孜—玉树断裂1.4km左右，距离西金乌兰湖—玉树南断裂19km，两条断裂对工程场地影响较大，水库蓄水造成的应力变化有可能改变原有的应力状态，有诱发小级别地震的可能。

而砂岩、板岩等节理裂隙张开度差，透水性相对较弱，且由于库区处于挤压应力状态，使构造带的导水性下降，不利于库水向地下深部渗透，加之基岩顶板及基岩裂隙水高于库水位，从某种程度

上限制了水库诱发地震的发生。从库深和库容上看，水库诱发地震的可能性小，因此水库产生诱发地震的可能性较小。

通过对两岸山体的喷锚加固、削坡处理和定期河道清理，极大地改善了河道的沉沙淤积和山体滑坡坍塌频发的现象，因此修建国庆水库是对果青沟两岸山体及河道改造的一个很好的机会。否则随着时间推移，自然水系及两岸山体将继续向不利方向发展。由于施工期间场地变化因素复杂，现场地形和水文调查资料前期相对较少。因此，建议在工程建设过程中进一步加强水文、地形测量工作，以便根据流域及地形变化进行必要的技术调整。在自然条件下，两岸山体隐患不能完全处理。因此，应强调预防山体坍塌滑坡的安全措施。

（二）施工安全及对策措施

针对建筑物的条件、性质、设计和施工特点，从技术和管理角度提出相应的风险缓解措施，具体如下：

1. 针对工期紧、难度大、交叉作业多和技术要求高等因素可能带来的管理和技术风险，采取的对策是：合理招标，确保工程按计划进行；选择信誉好、经验丰富、技术水平高、勇于创新的设计单位和施工单位，确保设计和施工作业精益求精。通过公共采购选拔合作单位信誉，必须建立一个高效、快速的信息和反馈系统，实行设计、施工动态管理。根据实施期间安装条件和条件的变化及时采取行动，确保各项施工工作符合总体设计方案的要求，建立强有力的组织、指挥、协调、决策和保障体系。

2. 项目一次截流和二次截流风险的应对措施是：认真分析，深入检查；精心设计截流，深入学习，借鉴经验，把握重点，开拓新思路，研究新的截流方

案；建议对导流系统和配套系统布局进行综合比较和选择；委托专业技术人员着重研究导、截流，过流防护方案；准备沙袋和临时围堰封闭施工。

3. 对山体滑坡坍塌及导流洞过流量的对策是：采用数理模型进行全过程动态模拟计算和试验，并采取有效的技术措施及时保证项目的安全；在设计过程中，对每一级保护进行检查和探索，以确保设计的质量；在整个施工安装期间，因先进行边坡的安全支护，并建立安全监控措施，每天安排专人进行现场检查，当局部出现保护损坏或腐蚀时，应及时采取补救措施和加强整改措施。

4. 针对项目中大量石料招标的风险，提出如下对策：深入研究石料的开采和供应从石料的开采、运输、采购等环节进行流程化；必要时，必须选择相应的采石场；建设单位应按设计要求扩大矿山规模，作为本项目的主要供应设施，保证石材供应；研究提前准备材料和尽快准备材料的可能性。

5. 开展采石场的采掘工作，严格按照采石场的采石量和采砂量的要求，对采石场进行采砂量和采石量的集中调查，选择合适的采矿设备和工艺。

6. 针对工程处于高海拔地区，人员缺氧、施工机械效率降低、自然环境恶劣、施工作业条件差采取的对策：积极招聘使用当地劳动力，减少人员对气候的不适应；加大工程的施工机械储备及运作时间，做到人停机不停；调整人员的施工作业时间，采取轮班制，做到施工倒班时间尚无间隙；采用防寒、防雨、保暖施工措施，实现全天三班制施工。除以上措施外，更应深入研究施工新技术、新方法，例如在施工区域建立供氧室，及时给施工作业人员供氧休息，减

少高原缺氧的不利因素。此外，还可以运用智能机械装置，减少人员工作强度和对人工的需求，以及研究其他新技术、新方法。

7. 针对施工和施工过程中的严寒、台风、洪汛的风险，采取的对策是：除积极采取防寒、防暴风、防汛措施外，应严格按照设计要求，强调制定人员培训、预防感冒和人员危险源识别及紧急情况下的自救措施和相应的管理体系应急措施和计划。

8. 根据对水库周边山体、河流发育情况的分析结果，国庆水库在实施修建后对两岸山体进行了大面积的危岩削坡和喷锚加固处理，基本上完成了库区坝体两岸山体的全面加固。但对于坝体区域外的山体仍然处于原始状态，在水库工程建设运行后，在蓄水应力的作用下，存在大面积坍塌滑坡的风险因素，应在蓄水前安排人员做全面巡查，上报处理。

而水库工程在修建后，为保障库区库容及水质的稳定性，需对上游河流进行全面清淤和定期清淤处理，并加大对上游山体、河流的防护整治工作，长此以往，将能极大地改善库区所在地的山体、河流地势地貌，并减少对下游河流的沉沙淤积以及水质改善。

（三）大坝固结、帷幕灌浆填料

结合水库工程，从设计技术和施工控制两方面对大坝固结和帷幕灌浆的影响进行防治，具体措施如下：

1. 在设计上应积极做好地质勘探工作，结合地质勘探报告，严格按照现行规范《水工建筑物水泥灌浆技术规范》SL/T 62—2020、《水利水电工程注水试验规程》SL 345—2007、《水利水电工程钻孔压水试验规程》SL 31—2003，以及《水工混凝土施工规范》SL 677—2014等制定本项目的灌浆设计文件和要求。

2. 灌浆开工前做好技术交底工作，加强施工各级人员对灌浆设计意图和要求的充分理解。

3. 提前做好水泥招标采购工作，保证灌浆物资的供应。

4. 安排专业工程师现场旁站监督灌浆施工质量，并及时查验关键检测数据。

5. 对于关键渗透值大于国家现行标准5Lu的，应组织相关技术人员召开会议，商讨问题原因及应对方法。

6. 对于满足龄期的灌浆检查孔，应及时钻孔取芯，检查水泥浆液与岩石的结合情况。对于不符合要求的应组织技术管理人员进行分析，并出具整改报告。

7. 聘请第三方专业质检团队，对所做灌浆质量进行严格抽查，检查灌浆质量的符合性。

（四）工程超标准防洪度汛措施

备齐防洪度汛物资，加大与当地气象部门对接，及时了解气候变化走向。除此之外，更是要成立防洪指挥部，建立度汛值班制度。防汛主要负责人在一线指挥，其他人员随时待命。并在各河道流量口架立水位尺，每天安排人员检查报备水位变化，并在防洪物资储备区再加大土工布袋及砂料的储备工作。

参考文献

[1] 董育武，赵定亮，郭淮. 中小水库维护加固工程的投资风险控制研究 [J]. 地下水，2019，41 (6)：243—245.

[2] 邢延霞. 探析水库大坝工程建设运行的监测要点及其安全管理 [J]. 建筑工程技术与设计，2018 (34)：2575.

[3] 张宝宁. 探究水库运行管理风险及其控制策略 [J]. 市场调查信息（综合版），2019 (5)：171.

[4] 温公均. 水利工程建设风险的防范措施及其策略 [J]. 建筑工程技术与设计，2018 (20)：2674.

[5] 尹仕平. 建筑项目工程建设中的风险管理及其措施分析 [J]. 建筑技术研究，2019 (3)：72—73.

[6] 闫加贺. 基于工作危害分析法的建设工程检测实验室风险管理研究及应用 [J]. 工程质量，2019，37 (8)：23—26.

[7] 彭凌. 试述水库工程维护管理的风险及应对 [J]. 装饰装修天地，2020 (3)：391.

以科技创新和制度创新驱动公司健康可持续发展

庞志平

太原理工大成工程有限公司

一、通过科技成果转化推动公司转型升级创新发展

根据《国务院办公厅关于高等学校所属企业体制改革的指导意见》（国办发〔2018〕42号）和《山西省人民政府办公厅关于高等学校所属企业体制改革的实施意见》，太原理工大学确立了校办企业的战略定位——服务学校双一流建设、以科技成果转化服务地方经济。山西省人民政府办公厅《关于印发山西省高等学校所属企业体制改革工作方案的通知》（晋政办函〔2010〕27号），对保留管理的类型做了明确——"对与高校教学科研相关的实验测试中心、技术转移中心、国家工程中心、出版社、科技园（产业园）、设计院（规划院）和具有企业法人资格的实训基地、林场农场、后勤服务单位等企业，经财政部门批准，可保留并由高校资产经营公司统一管理"；对保留企业的定位做了明确——"保留企业要成为产学研用结合的平台、高新技术成果转移转化基地和科技型企业的孵化器，切实达到提质增效、促进科技进步的目的"。

2019年，公司依托太原理工大学科研优势，以"科技成果转化服务地方经济的转型发展目标"为引领，紧密围绕"产学研相结合、服务学校双一流建设"的根本任务，积极发挥桥梁纽带作用，科技成果产业化取得了一系列可喜成绩。

2019年1月，学校与中国安华集团签署协同创新战略合作协议，公司与安华集团、长治高新区共同实施煤基能源智慧供给产业化示范项目，有力支撑学校化工、材料、矿业、机械4个双一流学科建设。

2019年4月，注册成立山西安华太工煤基产业技术研究院，并开始实质性运作，更好地服务地方经济。

2019年9月，山西省与中国工程院院地合作项目——"山西省煤－焦－氢－铁产业链发展战略研究"项目申报国家"煤炭2030"重大专项，通过了评审。

煤基（固态储氢、共晶储热、高纯度多晶硅）材料技术、催化改进水处理技术研发取得阶段性成果，即将进行工业化验证。

2019年12月，单一点光源大功率LED高效节能照明技术经国家检测：发光效率达到172～175lm/W（国内外100～140lm/W），寿命高达90000h（国内外平均30000h），驱动功率达到60W，节点温度60℃以内，技术推广应用逐步展开，应用前景广阔。

人才培养、科学研究和服务地方经济是高校的中心任务，科技成果转化是高校服务地方经济的重要形式，产学研合作是推进科技成果转化的有效途径。校办企业的优势不能仅局限于高校赋予企业的一种可信赖、人才素质高的外在形象，公司必须坚持产学研相结合，服务于学校科技成果产业化，依托学校科研优势寻求新的增长点，积极发展科技产业、高新技术产业，把公司打造成高校科技成果转化的加速器和促进产学研发展的孵化器。

世界高校产业的代表首推美国斯坦福大学工业园，并以此为中心形成了硅谷；中国高校产业代表当属北大方正、清华同方、清华紫光、复旦复华、交大开元等。他们都是以高校科技优势为后盾，以高校应用型科技成果为基础，将高校的人才和科技优势同市场需求相结合，从而形成知名度较高的科技产品。

太原理工大学长期积累了大量科技成果，据不完全统计，全校每年产生技术专利和非专有技术500余项，但科技成果转化率不高（转化率5%，进账3%），对地方经济贡献不大。只有将科技成果放到市场这个大熔炉中方能检验其价值所在。高校拥有的人才和技术资源是校办企业最丰富的资源和最有力的依托，公司要选择和依托学校可利用、易转化的科技成果，顺应山西省产业结

构调整的客观要求，发挥高校科技成果产业化的桥梁纽带作用，努力发展成为知识密集型、技术密集型和人才密集型的高科技企业，实现公司转型升级创新发展。

二、通过经营管理制度创新推动公司健康发展

党的十九届四中全会发出了坚持和完善中国特色社会主义制度、推进国家治理体系和治理能力现代化的号角。作为企业，也存在一个完善经营管理制度、优化管理体系和提升管理能力的问题。《山西省高等学校所属企业体制改革工作方案》提出："要根据党政机关和事业单位经营性国有资产统一监管方案和改革国有资产授权经营体制方案的要求，将高校资产经营公司及保留企业纳入经营性国有资产集中统一监管体系""高校及所属企业必须严格遵守企业国有资产法律法规，严格财经纪律，不得违规隐匿、转移、转让、出卖企业资产""不得搞内幕交易和利益输送""对因违法违规造成国有资产损失的责任主体，要严肃问责；构成犯罪的，要依法追究刑事责任"。

守法合规经营和履行社会责任是国家对企业的基本要求，其中包含规范财务管理、照章纳税、足额为员工缴纳社保统筹和住房公积金，以及履行个人所得税、社会保险和公积金个人缴费部分的代扣代缴义务。特别是作为一个国有校办企业，必须坚持和完善自身经营管理制度，不断进行制度创新和管理创新，构建守法合规、履行社会责任的体制机制，才能推进公司健康可持续发展。

通过"不忘初心、牢记使命"主题教育，我们深刻认识到人民对美好生活的向往是党的奋斗目标，同时也是公司的奋斗目标。公司必须坚持"以人民为中心"的思想，通过完善体制机制引导员工把个人发展融入公司发展进程，使人人都有通过辛勤劳动和聪明才智实现自身发展的机会，实现个人全面发展，同时促进公司可持续发展。通过主题教育，我们也认识到幸福不是"等、靠、要"来的，而是奋斗出来的。公司的大发展绝不是轻轻松松、敲锣打鼓就能实现的。必须通过改革分配机制来激发活力，践行"员工与企业同进步、共发展"的企业文化精髓，坚持"企业发展为了员工、企业发展依靠员工"的理念，努力提高工作效率和全员劳动生产力，这样才能不断提高员工收益水平，才能增强员工的获得感和幸福感。

制度的活力寄托于创新，制度的生命力在于执行。职业经理人要增强大局意识和责任意识，把项目经营管理公司的发展与全公司发展紧密联系在一起，把实现个人价值和体现社会价值紧密联系在一起，继续担当公司改革发展的先锋和健康成长的排头兵。

三、提升全过程咨询服务能力，适应我国咨询行业改革发展新趋势

培育全过程工程咨询是国家深化工程领域咨询服务供给侧结构性改革和促进建筑业持续健康发展的重要举措，也是创新工程建设组织模式和破解工程咨询市场供需矛盾的客观要求。全过程工程咨询是工程咨询业的发展方向，国家鼓励投资咨询、招标代理、勘察设计、工程监理、造价咨询、项目管理等企业，采取联合经营、并购重组等方式，向全过程工程咨询转型，培育全过程工程咨询企业。

尽管理工大设计院和大成公司分别在全省设计行业和监理行业都具有较高的知名度，但都存在业务单一的短板，在发展全过程工程咨询方面优势不够明显。

《山西省高等学校所属企业体制改革工作方案》提出："保留管理的企业要进行优化调整重组，助推做优做强"。2019年7月15日，学校批准大成公司与设计院合并。其意义就在于整合校办产业技术、人才、品牌优势，更好地服务学校"双一流"建设，推进学校"政产学研用"相结合，打造在全国具有较高竞争力和较强影响力的全过程工程咨询企业知名品牌，更好地服务山西省经济建设。当前，设计院已完成财务审计和清产核资，正在履行改制审批程序，学校已于2020年2月16日向教育厅上报"校属企业改革初步方案"，拟于2020年底完成两企合并工作。

两企合并后，公司的业务范围将由工程监理延伸到工程设计和可行性研究，再加上我们的科技研发、成果转化和科技产品推广应用，将会把公司打造成为全产业链和全过程工程咨询知名品牌企业。两企合并绝不是简单的"1+1=2"，而是"1+1=3""1+1=4"。工程建设全过程是一个有机的整体，全过程工程咨询是将碎片化的咨询服务有机整合，形成对工程项目更有价值的全过程咨询服务。这就需要我们全面提升全过程咨询服务能力。只有这样，才能真正实现公司的健康可持续发展。

监理企业开展军队工程质量辅助监督工作的实践与思考

黄志坚

北京五环国际工程管理有限公司

一、军队工程质量监督的发展历程与工作特点

（一）工程质量监督发展历程

1984 年 9 月 18 日，国务院颁发了《关于改革建筑业和基本建设管理体制若干问题的暂行规定》（国发〔1984〕123 号），标志着我国"核验制"微观质量监督的开始。2000 年颁布的《建设工程质量管理条例》（国务院令第 279 号），明确了建设各方主体所承担的责任和义务，有关工程建设的一系列法律法规和部门规章逐渐健全，标志着政府的工程质量监督机构从"核验制"转入"备案制"。客观地讲，政府的工程质量监督机构代表公众利益依法执监，在我国计划经济下对建设工程质量起到了保驾护航的作用，在市场经济下对建设责任主体的质量管理行为的监督更为重要，作为建设工程法律法规的执法者对参加主体是否守法、是否有违法行为进行监督非常必要。

军队系统也及时建立监督制度，并经历了不同的发展阶段：

1. 建立阶段。1987 年《关于成立军队工程质量监督机构问题》的颁布实施，标志着军队建立工程质量监督机构的开始。

2. 加强阶段。4 年后，出台了《军队建设工程质量监督管理规定》，进一步明确了工程质量监督的监管主体与责任主体，并详细阐述了工程质量监督的工作权限、工作程序和监督人员组成等内容。除此之外，还规定工程质量的监督实行负责人登记制度和质量终身负责、追究制度。

3. 改革阶段。在《军队建设工程质量监督管理规定》颁布后的第 11 个年头再次出台《军队工程建设质量监督管理实施办法》，此办法明确提出军队工程质量监督机构依法对军队工程建设实施第三方质量监督，是一种强制性的执法行为。

近 30 年以来，军队工程质量监督制度在不断完善，监督工作在不断规范，工程质量监督机构已成为保证军队工程质量的坚实后盾，在军队建设领域发挥着不可或缺的作用。

（二）军队工程质量监督在工程建设中的作用

军队工程质量监督机构同地方质量监督机构职能一样，主要起到对工程建设的监管作用。在参与工程的验收监督工作中，对参建各方责任主体的质量行为和工程施工过程中的实体质量进行监督检查，为工程质量安全守好门，把好关。

由于军队各项目的营房专业人才紧缺，部分专业人员工程管理经验不足，因此，军队工程质量监督机构也需为工程建设项目提供必要的技术服务。

（三）军队建设工程的项目特征

军队工程建设监督与地方工程建设监督都属于工程建设领域管理活动，但是两者多方面都存在明显差异。

1. 类别不同

军队工程不仅包含了地方工程建设的各个领域的项目工程，还包括了地方工程接触不到的国防工程。军队工程质量监督机构对军队包含机场、洞库等在内的所有工程建设进行质量监督。地方政府建设主管部门领导的工程质量监督机构，仅对管辖区域内的工程进行监督管理，机场、港口等工程则由相关行业管理部门领导下的工程质量监督机构进行监管。

2. 地域分布不同

军队工程具有地域分布广，建设地点分散等特点，而地方工程普遍集中在一定区域或行业，其区域性和行业性尤为明显。

3. 投资主体不同

军队工程建设均由国家承担，任务艰巨，责任重大。地方工程建设主体多元化，有企业、个人，甚至中外企业合作投

资，大部分工程项目以营利为主要目的。

4. 建设单位人员分工不同

军队工程的建设单位一般都由军队营房建设部门承担，工程建设的机构设置单一，而营房专业经常存在人员不足、人员工程管理经验缺乏等情况，有时一人可能需要从前期手续参与到现场管理再到竣工备案的一整套工作当中，工作艰巨。另一方面，各单位并非需要长期进行工程项目建设，因此部分军队现场管理人员并没有丰富的现场管理经验。而地方工程的建设单位长期从事相关工作，分工明确，在工程项目的各个环节配备充足且经验丰富的专业人员。

5. 项目的使用性质不同

除政府投资或政府主管的公共项目，大多数地方项目建设单位均以盈利为第一要务，而军队项目大多是保障国防建设刚需工程，其使用性质更多是关系到战士训练、吃住的保障工程和为战事状态储备的工程。

军队工程项目存在项目类别多、地域分布广，工程管理人员短缺且经验不足，而军队工程质量监督机构不仅担负着地方工程质量监督同样的职责，同时也需要为军队工程质量提供专业的技术支持，这使军队工程质量监督工作难度大大增加。

二、军民融合发展战略下的军队工程质量辅助监督模式

（一）军民融合发展战略提出的历史背景及必要性

一直以来，我国军事方面的科研管理和军需物品采购机制比较封闭，出现了军民建设分割发展的现象，军事技术领先于民用技术，国防科技工业经济增加值增速高于国民经济年均增速。自改革开放以来，信息化、智能化逐步发展，民用技术落后于军事技术不再是历史，二者互相促进、互补发展。目前，中国的经济发展进入新常态，国防事业发展投入资源紧张，实施军民融合发展战略成为统筹国家安全与发展的必然。党的十八大以来，以习近平总书记为核心的党中央在实践中不断探索推进军民融合发展的道路，逐步形成适合中国国情的军民融合发展战略体系。2015年3月12日，习近平总书记在十二届全国人大三次会议解放军代表团全体会议上，鲜明提出把军民融合发展上升为国家战略。军民融合发展战略可以凝聚国家意志和全社会力量，有利于整合优化国家军地双方资源，最大限度节约资源；军民融合发展战略不仅使国防事业的发展获得国民经济建设的资源保障和发展活力，还使国民经济建设获得了发展的安全环境和技术支持。这一战略是实现富国与强军的统一、实现伟大中国梦的伟大举措。

（二）辅助监督模式在军队工程质量监督工作中的优势

1. 传统军队工程质量监督模式

军队工程质量监督机构代表军队工程建设主管部门依法对军队工程的建设实施质量监督，然而军队工程建设的迅速发展给工程质量监督机构的监督工作带来了一定的挑战，监督工作往往力不从心。一方面，监督机构在编人数少，监督工作任务量大，且存在被抽调的情况，使得人员流动性大，导致人员的监督工作不连续，未能监督建设工程的全过程；另一方面，具有质量监督专业能力要求的人员数量不能满足监督工作的需要，缺乏有影响力的技术专家和技术骨干人才，监督人员所学专业可能与工程建设毫不相干，若重新培养质量监督人才不仅周期长，成本耗费也很高。这些都增加了监督工作的难度，不能满足目前大量军队工程的质量监督工作要求。

2. 工程质量辅助监督模式的优势

在军民融合发展战略的背景下，出现了军队工程质量辅助监督的新模式，即军队工程质量监督机构通过招标的方式选择竞争力强的地方企业辅助其质量监督工作。地方企业懂经营、善管理，具有市场开拓能力和创新精神，这给军队工程建设注入了活力。地方企业拥有专业知识充足、能力强且经验丰富的人才，可以提供丰富的施工管理经验和技术支持。这一新模式既解决了监督机构专业知识能力强人员少的问题，又节省了监督机构培养人才的时间和费用，从而提高了监督机构的质量监督水平。

地方企业融入军队工程质量监督的工作中拓展了其业务，增加了收入来源，除了推广自己的技术优势，增加企业知名度外，还可以了解学习先进的新技术、新产品，提升自身的竞争力。军队工程种类多而复杂，通过参加各类工程的辅助监督工作，还可以学习军队建设工程的施工新工艺、新方法，增强了员工的业务水平并拓展了思路。此外，地方企业还可以及时获取政策信息，提高企业战略决策的可靠性，降低企业的经营风险。

建立军队工程质量辅助监督的新模式可以形成军民合作共赢的合作机制，既可以发挥地方企业在辅助监督工作中人才、技术方面的优势，还推动了地方企业的业务发展，极大地调动了军地双方的积极性，双方互相促进，协调发展，实现了军队工程建设质量监督工作和地方企业发展合作共赢的目标。

三、实行军队工程质量辅助监督模式的思考与建议

辅助监督工作模式作为地方企业军队共赢的合作机制，双方平顺、有序地合作，能够有效减少工作失误，提高工作效率，有效地规避不必要的风险。因此，参与辅助监督的地方企业与军队应该重视以下几点：

（一）辅助监督企业在工作中思考的建议

角色定位要准确。辅助监督企业大多为监理企业，相关人员以前大多从事监理工作，由于人的惯性思维，部分从业人员在进行辅助监督工作时，还停留在监理的视角，侧重从检查问题、发现问题，局限于实体质量微观控制，对建设工程宏观管控概念较薄弱。对工程实体质量关注得多，对建设工程责任主体质量行为问题关注少；对施工单位和监理单位关注得多，对建设单位和勘察、设计单位则关注少。

政治站位要提高。参与国防工程建设的地方企业多为央企、国企，不能过多地从经济效益层面上考虑，企业及企业领导要提高政治站位，提高从业人员工作的使命感和荣誉感，使辅助监督人员带着一份沉甸甸的对党、对人民和对军队的责任感投入工作中，才能更好发挥个人的技术水平，提高工程质量水平，为国防工程建设贡献自身的一分力量。

保密意识要加强。在科学技术日益进步的今天，安全保密工作已经成为各项工作的重中之重。军队作为国家力量的重要组成部分，作为保障国家稳定、经济发展的坚强后盾，保密工作尤为重要。而作为辅助监督人员，由于从事军民融合方面的工作时间短，大部分员工的保密意识不够强，保密知识也掌握得不够全面，因此，参与辅助监督工作的企业要加强对辅助监督人员的保密教育，定期进行保密检查，同时辅助监督人员也应定期进行保密自检。

技术能力要过硬。辅助监督人员要针对军队的项目特点增强技术水平，提高服务质量。一方面，军队工程分布广、类型多，项目分布在全国各地，不同区域地质条件不同，并且各地出台的法规、规范也有所差异，而辅助监督人员大多是对以前经常工作区域的地质条件、法规和规范有深入的了解，对其他地区的项目建设的知识没有充足的储备；另一方面，由于军队项目包括营房、机场、洞库、道路、管道线路以及其他工程，项目涉及的类型非常广泛，这对辅助监督人员的知识储备形成了挑战。因此，辅助监督人员应积极学习需要进行监督检查地区的法律法规，充分了解各地区的地质特点及建筑特征，主动熟悉各种类型项目的相关书籍，充分吸收相关知识，不但对各类建设法律法规、规范规程了如指掌，还要能洞悉规范规程条文里蕴含的工程道理和经验；不但能查找出工程中存在的质量缺陷，还要能向受监单位解读质量缺陷导致的危害及改进建议。

监理企业应高度重视辅助监督工作，建立完备的辅助监督服务体系。在当前经济下行的背景下，房地产项目趋于平稳的同时，工程建设领域的竞争压力愈加激烈，而辅助监督模式在军民融合发展战略的推行背景下是地方企业的一个发展契机，地方企业应树立对军队高度负责的态度，积极支持辅助监督工作，更好地服务军队，积累丰富的军民融合的工作经验，拓宽企业的发展方向。

（二）对军队在工作中的建议

加强对辅助监督人员的保密监督。确保涉密文件与辅助监督工作"零接触"，从根源杜绝失密、泄密的可能，针对辅助监督人员制定严格的保密制度，保证不因辅助监督工作的开展导致泄密、失密事件发生。此外，还应制定周全的工作制度，明确工作分工，使辅助监督工作能够在军队内部有序高效地开展。

健全质监站与辅助监督机构的融合机制。辅助监督人员以军队质监站的名义，从事着权威、严肃、专业的工程质量监督执法工作。为此，军队质监站应将辅助监督人员当成"自己人"，这样才会使辅助监督人员有归属感，在工作中更能准确、快速地进入质监人员的岗位角色。

参考文献

[1] 孙雷年，高鹏. 部队工程质量监督的特点及其探讨 [J]. 中小企业管理与科技（下旬刊），2015，(36)：54-55.
[2] 王斌卿，李达夫. 关于军队工程质量监督工作的几点思考 [J]. 工程质量，2014 (z2)：11-13.

浅谈工程建设监理过程中的索赔管理

郑少平

浙江华东工程咨询有限公司

摘　要： 工程建设索赔管理是建设项目投资控制的重要手段之一，本文简要介绍了引起工程索赔的主要原因，预防索赔和加强索赔管理的主要措施。

一、常见的索赔因素

在工程施工过程中，设计变更、市场条件变化、施工条件变化、不可预见因素等种种原因，均会引起工程造价发生变化，即施工过程中由于投标报价阶段的标书文件或合同设定条件发生变化，工程造价可能将会随之调整，因此承包工程的索赔将会不可避免地发生。做好索赔工作不仅是承包商获得经济效益的重要组成部分，同时也是业主控制工程造价的重要手段。概括起来，工程索赔因素主要有以下几方面。

（一）地质条件不可预见

工程前期地质勘查工作的精度和准确性对业主非常重要。如果在施工中地质条件发生较大的变化，将会直接影响施工，直至出现工期延误和费用索赔，从而引发合同纠纷。笔者监理过的某水

电站工程，由于地质勘查工作不充分（仅3个月时间），招标文件提供的地质资料既少又粗。工程开始施工之后发现许多部位与原提供勘察资料有较大变化，这些影响施工进度的地质条件的改变，造成了业主的风险。

（二）设计变更

设计变更是业主较大的风险之一。由于设计对地质情况了解的深度不够和设计人员的认识有差别，在施工后，随着地质条件变化和设计人员的再认识，很难避免出现一些设计变更。变更如果是一般工程量的变化还比较简单，如果是设计的指导思想发生变化，变更超出承包商按合同文件规定应具备的施工手段与能力，或将导致承包商造成额外费用与工期延误，如施工次序和施工支护体系的改变及工程设计方案调整等，对工期将会产生较大的延误，承包商往往会因此提

出工期延长，并进行高额的索赔。因为，这种变更意味着承包商要重新更换已进场的人员和施工机械设备，甚至要为此添置新的施工机械设备，承包商的施工队伍调遣费和施工机械使用费会为此增加，索赔将不可避免。如某水电工程，在初设阶段就招标匆忙上马。工程开工后，设计单位提供的技术施工图与原设计方案相比，多处进行了重大修改：拦河坝、发电厂房等建筑物位置偏移，基础开挖后发现地质情况与原设计情况不同，改变设计；引水隧洞及压力斜井布置改变；装机容量改变，等等。因此导致承包商频繁提出合同费用和工期索赔。

（三）施工条件与合同设定条件差异变化

施工条件的变化必然导致承包商的施工成本变化，如费用增加则必发生索赔。如，某工程标书注明场内交通为四

级公路，对外交通亦较方便，但施工单位进场后，发现交通条件与招标文件相差很远，场内公路坑洼不平，且因频繁发生洪水、滑坡、塌方而受阻，施工受严重影响。

（四）业主原因造成的索赔

业主提供施工条件不满足要求，周边环境制约工程施工，施工图纸提交滞后等。如某水电工程地处国家级风景区，建设过程中，遇国家环保执法检查，环保部门认为该工程建设造成环境污染超标，故勒令全线停工；业主指定的砂石料场因当地农民阻挠无法开采，只得放弃，被迫另寻料源，并辅以人工骨料，承包商提出高额索赔。

（五）不可预见因素索赔

作为有经验的承包商不可预见到的不利自然条件或施工障碍，为此而进行的额外支付。如某工程开工后，开挖土方，发现地下有古墓，墓中有大量的国家级文物，这是承包商无法预见的，因此向业主提出索赔。笔者还经历过一个水电工程，工程开工半年后，唯一的对外交通公路即开始封路施工，交通大部分时间处于中断状态，设备、材料进出异常艰难，施工无法正常开展，工期因此大大拖延。这也是承包商无法预料的，受影响的承包商都向业主提出了高额索赔。

（六）其他原因引起的索赔

1. 物价和工资上涨索赔

如遇劳动部门修改劳动法，提高工人工资等，会导致发生索赔。材料价格上涨索赔一般有一定的额度，如超过15%等，一般较大工程或工期较长项目会设定此合同条款。

2. 政策法规变化索赔（包括税收、汇率等方面）

一般税收变化多，如工程签约时某

些进口材料免税或税收较低，政策性调整后增收税率等。

3. 货币贬值、汇率变化索赔

国际承包工程或国内外资工程遇到此类问题较多，有些援外工程，有部分款项为当地政府支付当地币，且有时外汇牌价波动较大，在招标时双方都要考虑风险规避，要研究合同条款，尽量避免索赔。

4. 利息索赔

一般由延期支付工程款所引起，但索赔时除考虑利息索赔外，还可考虑投资效益索赔。

二、索赔管理中存在的问题

（一）对索赔工作缺乏系统管理

许多项目对索赔工作重视不够，缺少专业人员、管理和制度保证，使索赔工作没有保障，企业效益流失。由于缺少专业人员，对合同条件研究不够，加之对索赔工作不能严肃认真对待，以致有的承包商提交的索赔报告或依据不充分，或证据不足，或计算错误，甚至漫天要价。

（二）对索赔事件提出的及时性不够

由于缺乏系统管理，业主对索赔事件发生后不能及时办理相关手续，使得监理工程师事后进行查证、现场测量工作量很大，处理非常困难。还有一些业主对审核确认的索赔费用不愿及时赔付，这对承包商不公平。

（三）对索赔工作缺乏切合实际的研究

不同的项目索赔重点不同，要根据合同条件、项目特点进行切合实际的分析研究，决不能盲目地中标靠低价、营利靠索赔。索赔不是万能，应针对不同的合同条件，有不同的管理方式，不同

的经营策略，如报价策略、索赔策略、规避风险策略。

（四）对索赔文件缺乏完善的管理

从现在一些经济合同纠纷案涉及的索赔事件看，索赔文件管理不完善是普遍存在的问题，如当索赔提出时没有记录性文件，有许多是补签文件，有的只是单方对索赔事件发生的描述，对索赔文件应随时发生、随时记录、随时报告，实行全过程管理。

三、加强索赔管理的主要方面

（一）增加工程前期地质勘查工作的精度和准确性，对业主非常重要。如果在施工中地质条件发生较大的变化，将会直接影响施工，直至出现工期延误，从而引发合同纠纷，索赔将不可避免地发生。

显而易见，要避免上述问题：1）最重要的是在招标前，业主把所有的地质资料全部提供给承包商，并且申明这是业主能够提供的全部资料，在以后也证明确实如此；2）最大可能地组织承包商现场查勘和充分地对现场地质问题进行答疑和澄清，以引起承包商的高度重视，把地质风险让承包商考虑到报价中；3）业主也应该用澄清的方法，要求承包商对此问题在合同上表述清楚；4）在施工的时候，监理工程师一定要求承包商制定切实可行的施工方案，并且对各种可能做出预案，便于在施工中能达成共识，减少或避免矛盾的发生和发展。在一般地下工程施工中，地质问题可能是合同费用索赔最大的课题。

（二）尽量减少设计变更。尽管往往认为变更是不可避免的，但变更的提

出人往往不太注意它的影响，这在合同中有着不小的分量。变更的条款规定基本上是保护承包商利益的，对业主来说，不过是在尽量减少损失的前提下，维护业主的最大利益。

设计变更是业主较大的风险之一。当工程出现设计变更时，业主不但要支付延误本身的费用，还要支付为解决延误采取各种措施的额外费用。工程施工中因为出现变更而引起的延误，甚至承包商不满意监理工程师的决定，都会导致合同纠纷。

（三）"以人为本"是加强索赔管理的基础。"以人为本"是众多企业所强调的一个管理理念，在工程索赔管理中，人的因素更显重要。尽管企业具有相当不错的管理模式，但由于个别人的业务能力、责任心以及工作态度的不端正，使得工

程索赔在管理上出现漏洞，给业主带来难以觉察的损失，这样的事例屡见不鲜。从这个意义上看，工程索赔管理必须具有相应水准的人去高质量地完成。

四、关于索赔管理的几点体会

工程索赔是工程建设合同管理的重要内容，在招标工程的实施过程中，工程索赔贯穿始终，是经常开展和必须开展的工作。工程索赔既是工程建设承发包合同双方各自享有的正当权利，又是合法的商务行为。为减少和控制索赔事件的发生，监理单位应对合同的实施进行检查监督和经常性的分析，及时发现和预测可能引起的索赔条件及事项，采取措施尽力避免索赔事件的发生。

索赔控制的依据是合同文件的有关规定和经济合同法的有关规定。作为监理工程师，索赔控制的主要措施如下：

1. 熟悉合同文件，经常进行合同实施情况的分析和研究。

2. 掌握可能引起索赔的事件和环节，采取预防措施，以避免或减少索赔事件的发生。

3. 全面掌握工程实施情况，认真审核施工单位提出的索赔项目，审核索赔依据，探索正确的计算方法，公正处理索赔。

此外，作为业主方，在工程招标时，招标书条款应严谨、准确和全面，工程造价及相关费用应尽量包全，少留或不留漏洞。定标后，合同条款的签订应严谨、细致，工期应合理，尽量减少甲、乙双方责任不清日后清算的现象发生。

创新驱动发展，成都天府国际机场航站楼监理工作实践

舒涛　陈涛　马寅嵩　陈梓韬　吴昊天

四川西南工程项目管理咨询有限责任公司

摘　要：本文从多层次、多角度介绍了四川西南工程项目管理咨询有限责任公司，创新监理业务实践，在成都天府国际机场航站楼监理工作中，通过组织创新、管理创新、技术创新等手段，全方位、多领域服务于业主，不断提高监理业务品质，推进监理企业高质量发展。

一、项目概况

成都天府国际机场位于简阳市芦葭镇，距离成都市中心天府广场51.5km，项目总用地面积52km²，分一、二期建设，将建成"四纵两横"6条跑道，约140万m²单元式航站楼（T1~T4）的国家"十三五"规划中全国最大的民用运输枢纽机场。

一期工程总投资776.99亿元，建设"两纵一横"3条跑道，约70万m²单元式航站楼（T1、T2航站楼）及保障机场运行的交通、辅助用房等。规划到2025年，满足旅客吞吐量4000万人次，货邮吞吐量70万t，飞机起降量35万架次。远期规划到2035年，建设完成T3、T4航站楼，满足旅客吞吐量9000万人次，货邮吞吐量200万t，飞机起降量70万架次。

航站楼是航站区的核心建筑，T1、T2航站楼南北长1283m，东西宽1310m，占地面积大约25万m²。西南工程项目管理咨询公司负责航站楼监理工作，涵盖值机大厅、候机厅、指廊、站前高架桥等。航站楼具有以下工程特点：

1. 工程建设工期紧，任务繁重

航站楼监理工期为1341日历天，相比国内同等规模机场建设工期短，任务繁重。同时，项目施工期间受到2018年特大暴雨季和2020年新冠疫情的影响，项目工期更加紧张。

2. 施工环境条件复杂，相邻工程施工相互影响大，管理要求高

项目地处丘陵地带，地质情况复杂，航站楼跨越多个填、挖方区，为典型的不均匀地基。

T1、T2航站楼之间布置有酒店、综合交通换乘中心（GTC）、运行指挥大楼（ITC）、服务大楼，地下有大铁、地铁、捷运系统（APM）、综合管廊、行李管廊等，各单位项目同时施工，相互影响大，界面协调困难，给监理管理提出很高的要求。

3. 参建单位有数百家之多，项目组织、分包管理、信息管理难度大。

4. 施工工艺复杂，专业工程难特点多，工程技术管理难度大

时速350km不停站高铁下穿航站楼；超高、大直径梭形钢管混凝土斜柱施工；140×90m²大跨度钢网架整体提升；59m大跨度片式结构钢桁架整体翻转、提升施工；超长结构跳仓法施工等专业工程工艺复杂，技术管理难度大。

二、监理工作经验分享

（一）针对项目特点，强化组织保

障，促进项目顺利实施

结合航站楼工程工期紧张、施工工艺复杂、技术难度高、环境条件复杂、协调量大等特点，公司在组建监理管理团队时，高度重视团队专业技术能力和管理协调能力，在常规监理团队基础上增加设计监理、测控监理、成本监理、BIM技术的专业人员配备。采用强矩阵模式，在组织上保障项目高效运行，为项目顺利推进打好坚实的基础（图1）。

事实证明，强矩阵组织架构的运用，提升了项目组织运行效率，减少了内耗，尤其在施工后期各方都在抢工作面、抢工期、抢配置的情况下，通过监理各职能小组的务实协调，各方能互相配合、共同有序推动，实现各方目标的顺利完成。

（二）以进度为主线，创新管理思维，开展计划统筹，协调项目有序开展

工期紧、工艺复杂、投资强度大、任务繁重是本项目的难点，尤其是工期

要求，对比国内同类项目来看，进度管理压力很大（表1）。

在这样的背景下，确保工期进度顺利达标，保证工程品质不降低，安全无事故，同时平衡好成本等关键指标因素，成为监理工作的重中之重。

1.创新管理思维，紧紧围绕工期主线，做好进度计划

监理管理团队采用时序管理+接口统筹的方式建立各级计划体系，编制各类计划，实施过程动态调整，保障项目有序、高效地推进。在项目初期，统筹组分析了国内几大机场航站楼的进度控制体系，梳理出进度计划关键路径，采取快速跟进、资源平衡、穿插顺序、材料排产到货等计划管理手段，配合BIM技术与无人机技术，循证决策，规划出最佳的里程碑节点计划、工程总进度计划和施工进度计划三级进度控制体系。同时，在实施过程中，统筹

组牵头指挥部、设计单位和各施工单位每周召开进度推进联席会议，听取各方计划信息反馈，共同审核计划可实施性和操作性，对进度计划进行预警及纠偏，实时动态调整。编制各类计划共计2668份。

2.充分运用项目管理思维，统筹好各制约因素，做好工期主动管理

由于航站楼建筑的重要性与特殊性，监理部充分运用全过程项目管理思维，统筹好各制约因素，保障项目有序推进。例如在设计阶段：①参与运用参数化设计对设计方案进行优化，在方便施工的同时，缩短工期；②建筑、结构、机电等专业BIM协同设计，提高设计质量，减少设计变更。招投标阶段：①利用BIM可视化的特征，验证标段划分，明确各方的工作内容与工作职责；②运用BIM模型快速提取工程量，节约编制清单与控制价的时间，提高清单与控制价的质量。施工阶段：各单位项目同时施工，作业时序交叉、作业面重叠，给施工监管带来很大的难度和不确定性。为了有序管理及避免施工风险事件的发生，统筹组协同建设指挥部、施工总包单位共同制定了"航站楼工程项目管理规程""施工总包管理规定""航站楼工程监理工作协调管理办法""土建、安装装饰装修工作面移交及保护规定"等45项管理规定，通过建章立制主动管理，极大地保证了项目工程有条不紊推进，有效地规避了施工的安全管理、质量控制和投资控制的风险，提高项目工作效率。

同时在合同执行过程中，成本监理组紧密结合各合同标段过程控制相关资料，根据实际完成产值、变更签证情况、调差情况动态地分析是否有概算批复项

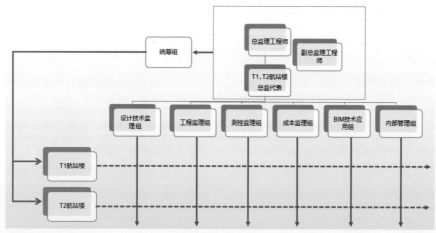

图1　监理管理协调架构

国内同类项目对比　表1

	成都天府国际机场	北京大兴国际机场
工期	约3年半	约4年半
产值	一期工程总投资776.99亿元	总投资799.8亿元
投资强度	221.99亿元/年	199.95亿元/年

存在超概的风险，采取"正向对比，逆向控制"双向控制的方式，建立动态风险预警机制，并及时反馈业主单位。

3. 多种技术结合运用，尽力节约工期

采用无人机与BIM结合，使实际地形与BIM进行模型结合实现虚实合一，最大程度上预控实际场地对施工的影响，辅助监理管理团队决策，避免了因场地布置不完善导致的施工阻碍。采用3D扫描生成实体模型，依据模型进行深化设计，增加设计精确度，减少因施工误差带来的不必要返工。针对场地地形复杂、建筑规模超大的特点，采用放线机器人，将BIM模型点云数据输入系统，提高现场测控效率及精度。对现场信息量巨大、参建单位办公区域分散等现状，采用云上在线协同办公，提高项目信息传递效率及实时性。

（三）积极开展与设计全面、全过程联动，为项目质量、进度、成本保驾护航

航站楼先后进场的主要及深化设计单位大小68家，接口多、界面划分复杂，传统的协调已经不适用于这么庞大的工作，监理项目部建立以BIM技术为基础的接口管理、界面管理、统筹协调模式，通过协调各专业、各单位，明确施工界面，避免出现界面重合、遗漏、推诿扯皮现象，为项目质量、进度、成本保驾护航。

项目监理部在各阶段参与设计活动，利用监理现场管理经验，形成具有现场指导意义的问题报告，实现监理、设计的有机结合。例如：①为积极构建绿色环保工地，提高资源回收利用率，降低资源消耗，积极与设计、施工配合，将明挖隧道基坑喷锚支护改为装配式支护，保证绿色环保的同时，大大加快施工进度，提高了施工质量，降低了施工成本；②为了避免

超长结构设置温度后浇带产生的施工缝多的弊端，监理部会同总包、设计单位积极探索攻关，在总结以往的航站楼施工经验上，通过现场足尺和缩尺试验，取得数据理论支撑，经过与设计、施工数十次方案研讨，确定了将传统用于地下空间的跳仓法施工技术首次运用到地上超长结构中，取消后浇带。该技术方法通过专家论证后，用于现场实施取得良好效果；③针对机场综合管线多且复杂，项目部摸索出一种基于BIM技术的监理与设计合作新模式，统筹机电深化设计，进行管线综合预排布，提高设计效率，保证方案的可实施性。

（四）创新投资监理思维，实施全过程造价管控，优化项目费效比

项目部在传统监理组织架构上，专门设立成本监理组。利用公司在多个机场建设造价管控的经验沉淀，充分发挥专业优势，运用全过程咨询理念，建立起本项目造价咨询服务工作体系，多层次、多角度地为项目提供造价咨询服务。

1. 设计方案比选及经济分析

根据统筹管理和设计管理成果，对设计图纸提出相关优化建议，在既保持原有设计效果的基础之上，同时达到降低造价的目的。仅以幕墙工程控制价为例，通过优化建议节约投资2653万元，具体优化内容如表2所列。

2. 全过程咨询思维下的造价咨询方案

在项目具体实施之前，成本监理组完成了"工程变更管理办法""工程造价管理办法""工程造价管理办法实施细则""认质核价管理办法"等若干管理办法的制定。全面梳理、完善在造价控制工作中涉及的预付款、进度款、工程变更、经济签证、新材料认质核价的建章立制工作，为项目后续顺利进行提供有力保障。在项目具体实施过程中，造价咨询服务内容涵盖：进度款审核、签证变更审核、新材料询价、措施方案经济评价及现场收方、资料收集及管理、编制工作周报及月报、组织造价例会等工作，确保工程造价合理、合法及有效性，满足工程质量、进度和成本控制的要求。为满足项目的工期要求，团队采用"每周计量、按月支付"的全新进度款审核方式，即每周对现场完成工程量进行计量，按合约定节点进行按月支付。这种方式极大缩短进度款审核时间，保障施工单位合法权益，同时也为项目的顺利推进提供有力保障。

3. 以概算为基础、实时动态控制造价

前期收集与批复概算对应的所有概算原始资料，梳理每一个概算批复项目所涵盖的内容说明，为施工合同对应概算工作做好基础准备工作。将施工合同金额根据概算批复层级涵盖内容进行拆解，

工程控制价优化建议　　　　　　　　　　　　　　　　表2

优化内容	降低造价
经与厂家了解沟通，航站楼玻璃面材已选用超白钢化玻璃	1100万元
桥头堡、非成品登机桥外墙面层材料由蜂窝铝板调整为3mm铝单板	670万元
檐口蜂窝铝板龙骨防腐做法由氟碳喷涂调整为镀锌处理及聚氨酯	163万元
檐口封堵系统龙骨防腐做法由氟碳喷涂调整为镀锌处理及聚氨酯	720万元
总计	2653万元

对应到相应的概算批复项目中，进而分析合同金额与概算对应项目的差异金额，针对差异原因进行对比、分析、测算。

（五）坚持创新驱动，狠抓基础管理，建立风控思维，筑牢安全基石

1. 不断创新现场安全生产管理技术和方法

配合施工单位将人工智能、传感技术、虚拟现实等前沿技术植入项目中，实现了"智慧工地"。以一种"更智慧"的方法来实现现场态势感知，提高现场管理人员交互的准确性和响应速度，完成了现场实时影像数据传输、智能机械设备管理、材料动态控制、人员智能管理等方面的建设，取得了较为显著的成效。

2. 打好管理基础，实现管理标准化，消除个体差异

管理标准化、制度化是搞好基础管理的重要形式。作为四川省首批安全生产清单制管理试点单位（监理企业仅2家），积极将工作责任清单运用到项目现场，建立了"天府国际机场安全生产责任清单及工作清单"，取得了良好的实施效果。

3. 做好风险管控，建立安全生产等风险预警体系

项目部建立健全完备的预警体系，包括一系列监理细则、项目部制度、管理流程和记录表格。通过月度风险提示、周风险提示，建立预警机制。同时，加强风险统筹管理，及时分析出当前阶段潜在风险，对可能出现的风险做好事前

规划。建立风险应对策略，从而实现对各种事故现象的早期预防与控制，并对事故实施危机管理。

（六）强化知识积累，促进知识提升，重视人才孵化

公司充分认识到知识不仅是生产力的要素，更是持续发展的动力，只有实现了知识的积累和增值，企业才能够不断进行管理、技术开发、市场拓展和客户服务的创新，从而持续获得不断增强的核心竞争力。在天府国际机场的建设过程中，公司主要从以下三个方面着力实现知识管理。

1. 强化知识积累，充实内部知识库

监理部积极鼓励员工注重工作中的经验积累，不断完善、提升自我。到2020年底监理部完成课题3项，发表技术论文10篇，编制微课18篇，内容涉及施工技术、质量管控、BIM应用、工程造价等。这些经验充实了内部知识库，成为公司重要的知识财富。

2. 构建学习型组织，监理内部知识提升机制

发动全体员工参与，建立学习型的组织。项目部建立了每周内部监理培训制度，开展"人人当讲师"活动，引导员工分享工作中的经验心得，营造浓烈的学习氛围。同时，积极加强外部交流与观摩，提升项目部整体知识水平。

3. 以产代训，人才孵化

利用项目复杂、技术程度高、时间跨度大的特点，项目部不但采用导师制、

工作轮换、行为模仿等方式为项目孵化新人；同时，通过项目部优秀专家"走出去"、组织对项目的观摩学习、编制内部教材等方式积极对外交流，分享经验，为企业、行业培养人才。

结语

九层之塔起于垒土，经过公司上下及项目部同事的辛勤付出。目前为止，项目获得了各类奖项共计16项，其中市级奖项3项、省级奖项4项、国家级奖项9项；奖项涉及安全文明、绿色施工、新技术应用、数字化应用、现场管理、实体结构等诸多方面。同时，项目部集体及个人也取得机场指挥部认可，先后收获天府机场"优秀监督管理集体""综合评比突出贡献奖""先进工作者""优秀监理员"等荣誉。

监理企业如何在立足施工阶段监理的基础上，向"上下游"拓展服务领域，创新工程监理技术、管理、组织和流程，提升工程监理服务能力和水平，是每个监理企业都应思考和重视的问题。机场监理部运用全过程管理思维，站在更高的角度，采用先进检测工具和信息化手段，突破专业壁垒，在将监理工作拓展为能够为业主提供全方面、全业务领域、综合性的监理服务等方面进行了有益的探索和尝试，取得了较好的效果，也为促进监理行业高质量可持续发展做出了自己的贡献！

关于工程监理生存发展探索的几点建议

张晓龙　神华工程技术有限公司安徽分公司

苗一平　安徽省建设监理协会

摘　要：建设工程监理是一项具有中国特色的工程建设管理制度。它承担着社会和市场的双重责任，本文着力探讨在新的发展形势下，建设工程监理从突破自我、创新改革、合作综合等方向出发，通过新技术、新方法、新标准的探索，为行业未来发展寻求方向。

关键词：生存发展；现状存在的问题；创新改革的探索；未来发展的建议

本文的题目，或许有些突兀，或许会引起很多监理业内人士的激烈反应，笔者也想过似乎把"生存发展"改为"创新发展"更能为大家所接受。但思索再三还是觉得解决问题的最佳途径还是直面现实，直面困难，开诚布公地说出笔者对行业发展现状的真实感受和诚心建议，与各位专家、领导、同行一起探讨、实践，力争能为工程监理的生存发展献一良策，助一微力。

过去的许多年，无论事业还是个人，"生存"的问题现在大家绝少提起。改革开放数十年，中国经济迅猛发展，各项事业蓬勃兴旺。伴随着经济发展的基本建设，地产开发更是一片繁荣景象，与之关联的房地产投资、施工、设计、造价、监理等行业水涨船高，行业规模不断扩大，从业人士趋之若鹜，"蓝海"迅速转变成为"红海"，政策法规日趋严

紧，市场竞争日趋激烈，技术要求日趋严苛。茫然间，收费成了问题，人员成了问题，服务成了问题，"生存"也成了问题，引起了业内、外的关注。下文笔者拟从监理行业现状存在的问题，创新改革的探索，未来发展的建议等几个方面做一些分析和建议。

一、工程监理现状存在的问题

建设工程监理是一项具有中国特色的工程建设管理制度。自1988年试点开始，于1996年在建设工程领域全面推行至今，既发挥了巨大的作用，又受到了相当大的质疑。

对于政府行业主管部门而言，监理是推行工程安全管理，保证工程基本质量的抓手，履行着建设工程安全生产管

理的法定职责，这是《建设工程安全生产管理条例》（国务院令第393号）赋予工程监理单位的社会责任。

2002年发布《房屋建筑工程施工旁站监理管理办法（试行）》（建市〔2002〕189号）。

2004年发布《建设工程安全生产管理条例》（国务院令第393号）。

2014年发布《建筑工程五方责任主体项目负责人质量终身责任追究暂行办法》（建质〔2014〕124号）。

2018年住房城乡建设部发布《关于印发〈危险性较大的分部分项工程安全管理办法〉的通知》（建质〔2009〕87号）。

2020年2月28日住房城乡建设部、交通运输部、水利部、人力资源社会保障部出台关于印发《监理工程师职业资格制度规定》《监理工程师职业资格考试实施办法》的通知（建人规〔2020〕3号）。

上述等等不断强化监理的社会责任，不断增加监理的职业风险。

社会责任增加了，职业风险增加了，然而监理承担责任和风险的成本从哪里来？未见一文。

对于市场而言，工程监理的基本职责本应是在建设单位委托授权范围内，通过合同管理和信息管理，以及协调工程建设相关方的关系，即"三控两管一协调"。为保证业主投资工程项目保驾护航，是完成既定的质量、造价、进度目标的得力助手。现实状况似乎又相去甚远。深入研究一下，质量、造价、进度这三大目标中又有几项指标是真正符合业主需求的，有几项指标是在委托合同中严格履行的。

合同业主委托了，费用业主支付了，然而业主想实现的目标难以完全落实，需要承担的职责和工作却有增无减。对于拥有专业管理能力的开发公司、项目公司而言，也只能说是"法规规定"，不得不请而已。由此出现了以下一些较为普遍的现象：

1. 监理费用越来越低，甚至出现了以人工时测算监理成本的奇异现象。工程监理招标中出现的最低价一再突破底线。

2. 监理公司（监理项目团队）的人员素质、人员结构不断降低，专业能力也日趋减弱，形成恶性循环。造成社会和市场对工程监理的专业能力、责任能力的质疑不断加深。

3. 监理服务的行政化现象日趋严重，日常工作重心偏离对工程质量、造价、进度的核心目标管理，而疲于应付各项社会检查和社会义务。

4. 工程监理服务的内容、质量、成果和必需人财物等无统一的规范标准，无工程绩效奖励，干好干坏一个样，干快干慢一个样，工程监理成为应付检查的"摆设"。

二、工程监理创新改革的探索

建设工程监理存在着很多现实问题，承担着不可或缺的社会责任与市场责任，举步维艰。社会上提升监理能力和取消强制监理的呼声并存，工程监理创新改革的探索也不断深入，并取得了丰富的经验和丰硕的成果，举例如下：

（一）关于取消"强制监理"的改革探索

2014年，是中国建设监理又一个重要的记事节点。国家有关部委有意改革强制监理制度，鼓励上海、广东等经济发达地区试点缩小强制监理范围。

2017年7月18日，住房城乡建设部发布《关于促进工程监理行业转型升级创新发展的意见》（建市〔2017〕145号），明确对于选择具有相应工程监理资质的企业开展全过程咨询服务，可不再另行委托监理。

2018年3月上海市发布《关于进一步改善和优化本市施工许可办理环节营商环境的通知》（沪建建管〔2018〕155号），在上海市社会投资的小型项目和工业项目中，不再强制要求进行工程监理。

2018年4月北京市发布《关于进一步改善和优化本市工程监理工作的通知》（京建发〔2018〕186号）规定：对于总投资3000万元以下的公用事业工程（不含学校、影剧院等项目），规模5万 m² 以下成片开发的住宅工程，可以不实行工程监理。

继上海、北京发文，部分工程项目不再强制要求进行工程监理后，厦门住房城乡建设委员会发布《关于小型社会投资项目原则上不再强制要求进行工程监理的通知》（厦建工〔2018〕173号），明确提出部分工程项目不再强制要求进行工程监理。

然而，取消"强制监理"，并不意味着不需要"监理"，在取消"强制监理"的这些工程项目建设中，本应监理单位承担的责任和义务并没有取消。责任和义务还是需要专业的人和专业的团队来承担和实现，只是形式和方法不同而已，或许更加市场化，建设工程监理这一具有中国特色的建设工程管理模式在未来很长一段时间内，必将为我国建设工程尤其是重点、重大项目建设的安全管理、质量保证等方面起到不可替代的作用。

同时，建设工程监理也应更加清晰地认识到自身所承担的"社会"（政策法规赋予的）和"市场"（合同委托承担的）的双重责任。并将其分别作为"政策规定的必选项"和"项目需要的自选项"在监理合同中予以明确区分和授权，亦可作为合同收费的依据。这也更加从市场角度体现了建设工程监理的必要价值。

（二）关于监理收费的创新探索

监理费用的日趋降低和无底线是建设工程监理走向恶性循环的重要因素。如何有效地改善这一状况？加强行业自律，提升服务质量，拓展服务范围等是必要和必需的，然而笔者认为更重要的是如何从建设工程监理制度的中国特色的本质出发，厘清工程监理所承担的社会责任和市场责任的关系，确定工程监理完成必要社会责任和合同义务所必须的人、财、物成本，明确工程监理附加增值业务、延展业务，工作绩效的核算和计费方式等。才能够真正市场化解决建设工程监理的费用问题。而不是不切实际地寄希望于行政强制的手段。

例如，山东省出台的《监理行业服务信息价格》《山东省房屋建筑和市政公用工程监理人员定岗标准》《济南市房屋建筑和市政基础设施工程监理、施工单位从业人员信息动态管理细则》等系统性文件和措施，既有效地保证了工程监理的合理收费，同时也对工程监理的人员、组织、服务内容等标准进行了明确的规定，并通过推行合同履约全过程动态监管，推动监理模式信息化、智慧化等创新改革确保工程监理的质量和措施的落实，是一个切实有效的探索和创新。

（三）关于监理方法的改革创新

建设工程监理是一项具有中国特色的工程建设管理制度，是建设工程安全、质量的必要保证措施。工程监理的市场价值和社会价值并不完全取决于"强制政策"的取消与否。但是，工程监理要生存、要发展就必须摆脱目前的等（政策支持）、靠（行政垄断）、要（市场施舍）的惰性思维，从更好地履行社会责任、更好地服务市场需求出发，突破自我，锐意创新，方能走上健康的生存发展之路。

2017年7月住房城乡建设部发布《关于促进工程监理行业转型升级创新发展的意见》为建设工程监理的未来发展从主要目标、主要任务和组织实施三个方面指明了方向。

2019年国家发展改革委、住房城乡建设部《关于推进全过程工程咨询服务发展的指导意见》（发改投资规〔2019〕515号），为建设工程监理利用自身专业优势，拓展行业发展空间，在全过程工程咨询服务创新探索的过程中发挥必要的作用，提供了更强有力的政策支撑。

近几年，无论是全过程咨询的理论研究，还是各个地区、各个专业行业的试点试验都充分证明，在工程项目规模日益庞大，技术水平日趋复杂，功能系统日趋全面的今天，全过程工程咨询服务必须突破设计、造价、监理等专业局限，走全面系统服务之路。工程监理不可或缺。上海的建筑师负责制试点、济南的"监理+BIM"管理模式试点等也充分地例证了建设工程监理的生存发展与设计、造价等相关专业的合作，与BIM等新技术的应用，与业务空间和服务范围的拓展密不可分。

三、未来发展的建议

建设工程监理要生存发展，必须提升专业化、综合化的服务水平，根据监理公司自身的特点和能力做好服务转型：

1. 向一体化综合监理转型：结合全过程咨询的市场需求，在工程（全）各阶段的监理服务中提倡和推广"设计咨询 + 监理管理 + 造价控制"三位一体的综合服务，全面提升工程咨询的实际价值。

2. 向个性化专业监理转型：重点培养针对医院等特定项目具有专业综合服务能力的监理公司（或团队），为特定的专业项目提供个性化监理服务。

3. 建设工程监理要生存发展，必须突破传统的思维模式，走出自我，引入革新，只有"走出去，引进来"方能创造崭新的未来：

1）走出（属地）地域观念限制，向先进地区学习，把先进的政策、方法引进来。

2）走出（监理）独立服务模式，联合关联专业，把设计、造价引进来，走综合咨询之路。

3）走出（施工）阶段行为局限，向前向后拓展，把前期策划、后期运管引进来，走全过程咨询之路。

全过程工程咨询对现有体系的冲击和变革举措

张京昌

建银工程咨询有限责任公司

摘　要：随着建筑行业改革的深入和改革开放国际化步伐的加快，全过程工程咨询已经成为业内炙手可热的新词。但尚未规范的新模式与存在了30年的管理体制、运行机制之间必然有不可避免的碰撞和摩擦，在尝试解决痛点的同时，也必然会产生新的矛盾点。为保证全过程工程咨询的顺利推动和按计发展，需从提高自觉作为意识、破除利益固化藩篱、改革管理模式、加快法制化建设和熔炼专业素质等角度着力补短板、强弱项，及早练就全过程工程咨询掌控能力，适应改革开放和国际化步伐发展的需要。

关键词：全过程工程咨询；冲击；举措

在 2017 年的《建筑业发展"十三五"规划》和《国务院办公厅关于促进建筑业持续健康发展的意见》（国办发〔2017〕19 号）指导下，全过程工程咨询开始登上舞台，并逐步向整个工程建设领域中推进和展开。全过程工程咨询和 EPC、建筑师负责制一跃成为行业发展言必有之的热词，也成了行业政策制定和企业发展转型的指路明灯。

然而，全过程工程咨询在顶层设计的文件中都只有简单的描述而缺乏精确的定义，业内尚未有固定的、达成共识的、成熟的模式，甚至在认识层面都不存在一致认可的定式，在理论层面和操作层面都处于"趟水过河"的探索阶段。政策层面，除了发改委、住房城乡建设部的指导意见，全国部分省（市）也出台了各具特色的文件；操作层面，各地落地的"全过程工程咨询"项目长相各异，内涵不一，在一定程度上造成了认识上的错觉和行动上的偏差。由于对一些关键问题的理解不同，政策和做法也不尽相同。

为此，笔者试图从全过程工程咨询的顶层设计目标进行理解分析，从其发展的必然性和优势角度入手，解读现有体系中存在的羁绊要素，进而提出推进全过程工程咨询健康顺利发展的举措。

一、全过程工程咨询的顶层设计和目标

国际上看，通行的全生命周期的工程顾问主要有美国和欧洲两种模式。

美国模式的特征是由大型工程顾问公司和业主签订全周期的服务合同。全球知名的国际工程顾问公司 SWECO 公司对全过程工程咨询概念的理解是：提供全生命周期的工程顾问服务，以满足业主的需求。具体涵盖 5 个方面内容：前期研究和设计、项目管理、工程设计、工程施工和资产管理。而在美国《工程新闻记录》（ENR）2017 年度全球百大设计公司排名第一的 AECOM 则用其名称完美地诠释了全过程工程咨询的概念：A 代表建筑设计（architecture）；E 代表工程（engineering）；C 代表咨询（consulting）；O 代表运营（operation）；M 代表维护（maintenance）。这两家公司是典型的美国模式，即全生命周期的工程顾问。

欧洲模式则以德国为代表，它的服务模式又可以分为两种：一种是与设计紧密相关的工程项目设计类服务，另一种则是与管理紧密相关的工程项目控制与管理类服务。但是，这两类服务均由业主与承担全过程工程咨询的联合体或

合作体签约，或者业主分别与承担全过程工程咨询任务的几个企业签约。

这两种模式体现全过程工程咨询的核心理念包括以下三点：一是将工程咨询服务的"碎片化"集成为"一体化"服务；二是坚持由"设计"环节为主导，强调设计的牵头主导作用；三是融合建设环节与运维环节共同服务，实现项目全生命周期的价值体现。

国内来看，从1984年提出"工程咨询是工程设计的拓展和延伸"，到2017年提出要培育"全过程工程咨询"，历经30余年的变革，明确了全过程工程咨询是"提升工程咨询服务业发展质量、改革工程咨询服务委托方式"[1]的需要；业务内涵是"项目投资咨询、工程勘察设计、施工招标咨询、施工指导监督、工程竣工验收和项目运营管理等覆盖工程全生命周期的一体化项目管理咨询服务"[1]。

因为顶层设计时未对全过程工程咨询的标准概念进行定义，因此社会各界对它的理解和解释各具特色，既有"是对工程建设项目前期研究和决策以及工程项目实施和运行（或称运营）的全生命周期提供包含设计在内的涉及组织、管理、经济和技术等各有关方面的工程咨询服务。"[2] 也有"指采用多种形式，为项目决策阶段、施工准备阶段、施工阶段和运维阶段提供部分或整体工程咨询服务，包括项目管理、决策咨询、工程勘察、工程设计、招标采购咨询、造价咨询、工程监理、运营维护咨询以及 BIM 咨询等服务。"[2] 还有"全过程工程咨询服务是指咨询企业受建设单位委托，运用现代项目管理的方法，对建设项目从前期决策、方案设计、项目发包、施工实施、竣工验收、

项目后评价等全过程进行建设目标规划、预测、确定与控制，采用全过程、综合性、跨阶段、一体化的咨询服务方式，开展包括但不限于建设管理、项目策划、投资咨询、报批报建、招标采购、规划与设计管理、技术咨询、BIM咨询、合约管理、工程监理、投资控制、质量安全管理、进度控制、竣工验收及移交、配合工程试运营等项目建设管理的全过程工程咨询服务，使项目建设目标始终处于受控状态的工程管理咨询活动。"[2]

2019年3月，发改委、住房城乡建设部联合发布《关于推进全过程工程咨询服务发展的指导意见》（发改投资规〔2019〕515号），将全过程工程咨询分为项目决策和建设实施两个阶段，提出"重点培育发展投资决策综合性咨询和工程建设全过程咨询，为固定资产投资及工程建设活动提供高质量智力技术服务。"

同济大学和上海工程咨询协会受住房城乡建设部委托组建的课题组，对全过程工程咨询的概念做出了如下解释：全过程工程咨询是对工程建设项目前期研究和决策以及工程项目实施和运营的全生命周期提供包含规划和设计在内的涉及组织、管理、经济和技术等各有关方面的工程咨询服务。

从以上分析可以看出，尽管行业内外对全过程工程咨询各抒己见，莫衷一是，但不可否认，国内全过程工程咨询的概念初衷有几个核心要素：一是"覆盖工程全寿命周期"，二是"一体化的咨询服务"；其设计目标是为了满足"投资者或建设单位在固定资产投资项目决策、工程建设和项目运营过程中，对综合性、跨阶段和一体化的咨询服务需求"[3]。

二、发展全过程工程咨询的优势

1984年的"鲁布革冲击波"对我国工程建设的管理体制、劳动生产率和报酬分配等方面产生了重大影响，是建筑行业改革的标志性事件。可以说，建筑行业的改革起步不晚，但之后的30余年，行业发展方式粗放，建设项目组织实施方式和生产方式落后，行业监管方式带有明显的计划经济色彩等现象，严重影响了建筑行业发展活力和资源配置效率。对比现有的管理运行机制，顶层设计的全过程工程咨询有着明显的优势。

（一）强化整体把控

传统的建设模式是将建筑项目中的咨询、设计、施工、监理和评价等阶段分隔开来，由各服务提供者分别负责不同环节和不同专业的工作，严重分割了建设工程的内在联系，在这个过程中由于缺少全产业链的整体把控，信息流被切断，很容易导致建筑项目管理过程中各种问题的出现以及带来安全和质量的隐患，使得业主难以得到完整的建筑产品和服务。而全过程工程咨询的核心要素之一是"全寿命周期"，也就是涵盖从项目思想提出、到蓝图设计、设想落地、运维成效，以至项目拆除、结束、完结的全过程，其设计目标是为了满足"综合性、跨阶段、一体化的咨询服务需求"。

实行全过程工程咨询，由一个服务提供者在其团体内部完成全寿命周期的专业服务，实现工程咨询的整体组织集成和工作集成，可以减少信息在不同文化团体之间传递和转移时的衰减，保证项目的价值链条或者理念自始至终在一个体系内传承，不递减、不跑偏，保证

投资者或建设单位"思想"的完整落地，信息流更为通畅，咨询成果具有连贯性、高效性、及时性和全面性，提升全产业链的整体把控。

（二）降低交易性成本

2016 年中央经济工作会议指出，要继续深化供给侧结构性改革，在降成本方面，要在减税、降费和降低要素成本上加大工作力度。"要降低各类交易成本特别是制度性交易成本"[4]。笔者认为，破除制度性交易成本的唯一办法是"减少环节"。全过程工程咨询改原来的"一对多""排排坐""击鼓传花"的碎片化管理模式为一体化全程服务，减少了业主建立不必要的临时管理团队规模和次数，减少了建设单位面对诸多的法人主体的次数，减少了冗长繁多的招标次数，减少了不同咨询服务单位之间交接的次数。这不仅降低了信息传递衰减频次，也大大降低了建设单位、各个法人主体的管理成本。而且由于业主方一般不具备专业管理能力但必须参与建设过程的管理协调，能力和责任风险担当的不匹配，造成建设单位需要耗费大量的时间成本和精力成本在其并不擅长的专业和沟通协调上，甚至由于控制目标的差异性、文化的差异性等因素导致管理目标失控等复杂情况。

（三）降低风险频次

风险存在于交易或者利益传递环节，对于一个项目来说，交易或者利益传递环节越少，其发生风险的可能性就会适度降低。建筑行业"放管服"的顶层设计目标就是简化制度，把过多的审批和管制程序予以删减。2016 年推广实施的"五证合一"即是较好的蓝本，坚持"弱化企业资质、强化个人执业资格的改革方向"[1]，陆续取消招标代理、工程咨询资

质等措施，均是推进"放管服"改革的具体举措，也是国家向全过程工程咨询推进中逐步实行的"松绑减负"措施。全过程工程咨询变"排排坐"的罗列式服务为高度整合各阶段的无缝对接一体化服务，通过减少交易环节，降低交易频次，弱化责任分离和纷争、弥补管理漏洞和缺陷，在降低建设单位的责任风险的同时，还可避免可能与多重管理伴生的腐败风险，有利于规范建筑市场秩序，减少"大楼盖起来，干部倒下去"现象发生，这是政策导向，也是行业进步的体现。

（四）增强国际竞争能力

"一带一路"国家级顶层战略的推进，是中国建筑行业跨国经营的重要契机。从当前建筑行业"走出去"的现状看，已经经过了"劳务输出""设备材料和劳务输出""资本输出"三个阶段的发展。当然，目前这三个阶段还是共存发展的，也与国内建筑业行业资质能力参差不齐密切相关。有关数据说明，在"一带一路"涉及的基建投资中，中国企业作为主要投资方，却只能在劳务和部分设备材料的市场上竞争，而有着工程项目高智力服务标志的咨询产品，却是中国企业的一个痛点，在这个方面，中国企业急需迎头赶上。

国外的咨询行业有 100 多年的历史，一体化的综合性服务已经发展得十分成熟。我国现代意义上的工程咨询业的出现和兴起始于 20 世纪 80 年代初期，但我国工程咨询业的市场准入壁垒较高，且已经形成了"碎片化"的固有模式，这种"碎片化"模式的劣势已经被多方证明，因此，努力向先进同行学习，打造可与国外同行同台竞争的"集成化、一体化"咨询模式和能力是业内必须迈出的一步。

另外，从 2007 年我们开始申请加入《政府采购协议》，恰恰体现了我们对外开放中的"双向化"特征，即"欲出先迎"，要想走出去敲开"世界的大门"，首先要敞开"自己的大门"。在这个双向的开放中，首当其冲的就是数量庞大的、"门槛价"仅为亿元左右的政府投资项目咨询市场，而在这个巨大的蛋糕面前，在面对汹涌而来的国外咨询行业巨头时，我们现有的"碎片化"工程咨询服务商，竞争明显处于弱势。因此形势也逼迫我们必须大力发展全过程工程咨询，以便在"北京欢迎你"的同时，拥有足够的应对能力。

三、对现有体系的冲击

就像 1984 年的"鲁布革冲击波"促使中国建筑行业启动了管理体制的改革一样，全过程工程咨询也对现有的体系有着多方面的冲击。

（一）对固有思维模式的冲击

改革，首先要改思想，思想变革是一切变革的先导。在推进改革创新中，思想观念的转变是最大的难题，也是最关键的一个环节，如果没有在思想观念上进行转变，没有冲破固有思维模式和传统观念束缚的胆魄，改革与创新就无从谈起。

从其内涵来看，全过程工程咨询虽然不属于新业务、新版块、新知识，但也属于"新瓶装老酒"，对建筑行业来说，也属于改革的一项大举措，因此需要对固有的思维和模式进行思维层面的变革。建筑行业经过 30 年的循迹运行，已经形成了固有的经济运行环境下的特定模式，"碎片化""割裂态""准入制"成为其显著标志，进而造成了各团体内"天然"的权利和"自家"利益思想。不解决观念

上的保护主义，不在思想层面进行变革，继续在原有的纸张上做文章，在现有的经济环境和政治环境中运行任何新的改革，就像"换瓶不换药"，都不可能算是真正的变革，也难以将行业的发展转向一个适应国际化形势发展的路径。

（二）对法律和制度体系的冲击

一般的理解，全过程工程咨询是对一个工程项目从设想到落地、从设计到施工和从运维到结束的咨询服务过程，这种模式存在着法律与制度上的困境。

1. 现有《建筑法》《招标投标法》的既有规定对全过程工程咨询构成障碍；政府监管机构"多龙治水"，以建设单位为依托的监管程序，也带来额外的协调工作量；而且，国内对全过程工程咨询的管理也存在争议，工程咨询行业的管理职能一直以来归于国家发改委[5]，工程咨询的定义也因此由发改委认定。多年来，由于管理分工而造成的条块分割一直是工程咨询行业发展的阻碍，原本全过程工程咨询会成为解决问题的突破口，但2019年3月管理部门博弈融合之后的515号文件，则将全过程拆分为项目决策和建设实施两个阶段，前者发展"综合性工程咨询"，后者才提"全过程工程咨询"，仍旧是"换汤不换药"，这也造成了部分省市认为，所谓的全过程工程咨询与原来的项目管理没有本质区别，无须重新出台一个文件，发布一套政策。

2. 责任主体的边界和认定，现有体系中对工程建设质量的安全保障体系规定了五方责任主体[6]，全过程工程咨询将其融合为一个服务商，现有的法律、制度和规章体系如何构建其责权利之间的关系？如何界定这其中的法律责任与义务？另一方面，"碎片化"模式中各个服务环节有其固有的制度体系，也有不同的法律法规和行业管理，无论从法律法规，还是执业规范、规程和条例等，各个环节的既有管理者们都牢牢地把控着游戏规则制定的权利，如何让诸多部门将所有的文本都按照一个规则统一起来，如何理顺出一套适合改革的体系规则，则需要从法律和制度方面进行研究和考量。

3. 现有体系中，企业是法人代表负责制，具体的项目则规定了项目经理负责制，那么真正的责任如何在两者之间确定和平衡也是需要考量的问题。

（三）对产业和业务体系的冲击

随着市场化、法制化和国际化营商环境的发展，国家政策由"准入名单"向"非禁即入"方向推进，对外开放的程度要逐步跟上对内开放的步伐，但建筑行业对外开放的壁垒还没有解除，这也导致无论是作品还是管理理念，无论是设计还是项目实施，无论是施工方案还是新材料、新技术的应用，我们大都只是简单的借鉴和模仿，造成中国建筑行业缺少创新和特色文化价值。

全过程工程咨询和EPC、建造师负责制陆续地提出，对行业已经运行几十年的产业框架体系和各细分行业板块都有必然的冲击。

1. 目前工程咨询行业工程咨询、勘察设计、招标代理、造价咨询和工程监理"五龙治水"体系必将打破，按照现有的政策，除了工程咨询的投资决策咨询外，其他同属住建部管理的几个细分行业将逐渐概念融合、边界模糊，业务整合，企业之间的重组、并购、整合不可避免。当然，为了更好地尽快推广全过程工程咨询，未来工程咨询行业也必将打破部间的壁垒，与后者融为一体。

2. 业务产品体系将由现有的标准化产品向定制产品转变。目前各专业服务商都在按照所属行业的规范提供标准产品，如造价的预算审核报告、监理的工程质量评估报告和招标报告等。全过程工程咨询的推行是理念和业务模式的改变，这种改变表现在业务产品上就是大量的非标、组合和定制产品的涌现。自主选择服务和菜单式服务模式必将涌现市场，为了满足不同委托人的不同需求而衍生出来的全过程工程咨询将呈现"百花齐放"的不同表现形式。

（四）对人才队伍建设的冲击

实行全过程工程咨询，克服人才制约是关键。所谓咨询，是为需求者提供高于其水平的智慧与经验的过程。全过程工程咨询服务的提供者，不仅需要具备多维度的专业知识和较高的职业素质以应对复杂的全过程项目管理工作，在投资决策、项目管理、信息应用和法律法规等方面提升专业性和综合性，而且更强调要超脱项目具体流程操作层面以上的能力提升，要学会用整体的、系统的、一体化的眼界和思维模式进行信息流管理，提升全能性和复合性。

行业内现有的管理隔离、专业分散和信息人为不对称的工程咨询模式，造就了业内人才推崇专业、细化、局限、壁垒的价值观，这种狭隘的人才发展现状与全过程工程咨询全能复合型人才的需求严重背离。

四、对改革的应对举措

全过程工程咨询是改革的必然，新业务发展所涉及的政府及行业主管部门、服务提供商和服务需求方等多方主体都要在观念上主动适应，认识上充分到位，方法上适用对路，措施上有效得力。

（一）对政府主管部门来说，应定好规则

针对存在的阻碍全过程工程咨询发展的法律、制度体系方面的问题，政府主管部门要做好顶层设计、体系研究和规则制定。

1. 要重新梳理适合全过程工程咨询发展的法律法规体系，创新法治策略，如修改完善《建筑法》《招标投标法》《招标投标条例》等相关内容，研究推出更适合发展的建筑师法、工程师法等，完善相关配套政策和法规，在顶层设计层面对全过程工程咨询保驾护航。

2. 重组建筑市场监管部门的职责分工，从"放管服"的精髓出发，研究制定出有关"准入""禁入""监督""管理""评价""惩戒""推出"等角度的建设工程管理机制，切实解决制约全过程工程咨询政策推进中的"五龙治水"问题，实现"政出一门""统一管控""权责统一"，坚决避免可能出现的推诿纷争和责任不清现象。

3. 梳理现行的工程建设标准体系，要对建设领域从咨询、设计到施工、运行维护的过程，从全过程工程咨询的业务到服务企业再到执业人员的法律责任与地位进行明确的定义，消除现有标准体系中存在的交叉、矛盾等现象，构建满足全过程工程咨询服务需求的标准体系。

4. 做好市场引导和谋划，从政策层面进行初期全过程工程咨询市场的培育和引导，通过政府行为带动和鼓励国有资本项目积极进行全过程工程咨询。

5. 加强对工程项目的监管，通过尝试推行首席监督官、责任担保和职业责任保险等制度，强化政府对业主行为的约束，建立权责清晰的风险强化和转移机制。

6. 在破解"碎片化"问题的同时，避免出现新的"碎片化"，从根本上解决原来"五龙治水"模式被新的表面"碎片联合""糖葫芦"模式替代，避免重现引进工程监理后"水土不服"造成的"南橘北枳"现象。

（二）对服务需求方来说，应敞开怀抱

2017年开始的全过程工程咨询试点，并未取得顶层设计预想的发展局面，除了制度体系等方面因素外，建设单位等服务需求方的不积极、不主动也是很大的诱因。

1. 在刚性需求方面，目前国内企业的咨询意识仍旧十分淡薄。有的企业认为没有咨询需求，也有的企业认为自身具备足够的咨询机构的能力，因此在国家推出提高必须招标的"门槛"和取消或降低"强制监理"的类别等措施时，引起了诸多客户的共鸣。

2. 全过程工程咨询必然对甲方利益固有模式引发变革。几十年来，一个建设项目中甲方要同时面对数个服务提供商，不仅增加了协调工作量，还显现或隐含优越感、权利快感、利益交换等顽疾。对任何一个"蛋糕"或"奶酪"切割模式、分配模式的变革，都将引起固有利益既得者的反对。

因此，想要健康发展全过程工程咨询，必须要让购买者认同"让专业的人做专业的事"的理念，认同服务提供商的专业价值，破除利益固化的藩篱，从优势维度考量，敞开心怀，积极拥抱全过程工程咨询。

（三）对服务提供者来说，要练好内功

对于全过程工程咨询服务提供企业来说，普遍存在着无法独立提供适应市场需求变化的服务的问题，因此需要对现有的模式、人才、制度和技术等方面进行变革，苦练内功，蓄势聚能，适应冲击，从供给侧进行改革，从打造定制产品和创造"新蓝海"来积极应对全过程工程咨询。

1. 强化核心资源，打造精英团队

全过程工程咨询对服务人员的专业技术能力有着非常高的要求，因此全过程工程咨询业务的竞争就是专业人才的储备和培养的竞争；同时，全过程工程咨询新的价值创造模式也为行业内从专业工程师向管理集约型和技术复合型人才的提升提供了方向和良机。因此，相关企业需多措并举加强"专业精、管理强、沟通顺"，同时具备全过程、全要素、全方位思维转变的能力，培养一批懂项目管理、懂工程技术、懂投资管控、懂项目信息、懂技术管理以及懂风险管控的综合性管理服务人才。

2. 拓展业务链条，提高竞争能力

从现状看，虽然主管部门提出了"弱化单位资质，强化个人资格"的变革趋势，但全过程工程咨询非标的"1+N"模式仍旧对单位资质有一定的要求和限制，因此必须从整个项目的价格链或者价值网维度考量，摒弃"小山头"思想，在筑牢原有优势的同时，积极主动地进行业务的延伸和资质的拓展升级，补短板，强弱项，提升综合能力，只有如此，才能开拓和占领市场。

3. 重构运行体系，增强管理效能

全过程工程咨询服务是一种业务板块整合、融合和相互渗透的新产品，因此其团队的运行模式、信息管理路径、项目价值传导方式等，较之前的"碎片化"管理路径有较大变革，因此应在对其内涵、运作机理、管理要求等进行研究和探索的基础上，对企业的战略规划、架构设置、管理层级、标准体系、制度流程，以及企业文化等均要重新梳理和完善，以增强管理效能，尽快适应全过程工程咨询业务的发展需要，这个过程不亚于一个企业的重建。

4. 紧跟时代步伐，加快技术应用

全过程工程咨询服务真正非"碎片化"的标志不是取消"联合体"，也不是各板块的"糖葫芦"顺序罗列，而是工程项目价值信息在全寿命周期的完整传递和准确表达，这个要求已经超出普通人的智力和记忆力的上限，因此必须要加强信息载体的应用，即引入新技术来促进工程创新。通过大力开发 BIM、大数据和虚拟现实技术，提高设计和施工的效率与精细化水平管理，提升工程设施安全性、耐久性、可建造性和维护便利性，降低全生命周期运营维护成本，增加投资效益。借助这些先进的技术手段，可为企业高效地完成全过程工程管理工作打下坚实的基础，也为业主创造更大价值。

参考文献

[1] 建筑业发展"十三五"规划（住房城乡建设部组织编写）.

[2] 江苏、陕西、浙江等省住房城乡建设厅指导意见.

[3] 关于推进全过程工程咨询服务发展的指导意见（发改投资规〔2019〕515 号）.

[4] 2016 年 12 月，中央经济工作会议.

[5] 工程咨询行业管理办法（中华人民共和国国家发展和改革委员会令第 9 号）.

[6] 住房城乡建设部关于印发《建筑工程五方责任主体项目负责人质量终身责任追究暂行办法》的通知（建质〔2014〕124 号）.

[7] 杨卫东. 全过程工程咨询指南 [M]. 北京：中国建筑工业出版社，2018.

[8] 蔡志新. 全过程工程咨询实务指南 [M]. 广州：华南理工大学出版社，2018.

[9] 陈金海. 建设项目全过程工程咨询指南 [M]. 北京：中国建筑工业出版社，2018.

[10] 胡勇. 全过程工程咨询理论与实施指南 [M]. 北京：中国电力出版社，2018.

[11] "十三五"万名总师培训班学习资料（住房和城乡建设部 2019 年）.

[12] 中国建设监理协会. 监理企业开展全过程工程咨询创新发展交流会会议材料 [C]. 2019.

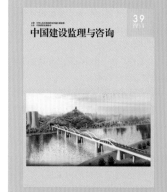

《中国建设监理与咨询》征稿启事

《中国建设监理与咨询》是中国建设监理协会与中国建筑工业出版社合作出版的连续出版物，侧重于监理与咨询的理论探讨、政策研究、技术创新、学术研究和经验推介，为广大监理企业和从业者提供信息交流的平台，宣传推广优秀企业和项目。

一、栏目设置：政策法规、行业动态、人物专访、监理论坛、项目管理与咨询、创新与研究、企业文化、人才培养等。

二、投稿邮箱：zgjsjlxh@163.com，投稿时请务必注明联系电话和邮寄地址等内容。

三、投稿须知：

1. 来稿要求原创，主题明确、观点新颖、内容真实、论据可靠；图表规范、数据准确、文字简练通顺，层次清晰、标点符号规范。

2. 作者确保稿件的原创性，不一稿多投、不涉及保密、署名无争议，文责自负。本编辑部有权作内容层次、语言文字和编辑规范方面的删改。如不同意删改，请在投稿时特别说明。请作者自留底稿，恕不退稿。

3. 来稿按以下顺序表述：①题名；②作者（含合作者）姓名、单位；③摘要（300字以内）；④关键词（2~5个）；⑤正文；⑥参考文献。

4. 来稿以4000~6000字为宜，建议提供与文章内容相关的图片（JPG格式）。

5. 来稿经录用刊载后，即免费赠送作者当期《中国建设监理与咨询》一本。

本征稿启事长期有效，欢迎广大监理工作者和研究者积极投稿！

欢迎订阅《中国建设监理与咨询》

《中国建设监理与咨询》面向各级建设主管部门和监理企业的管理者和从业者，面向国内高校相关专业的专家学者和学生，以及其他关心我国监理事业改革和发展的人士。

《中国建设监理与咨询》内容主要包括监理相关法律法规及政策解读；监理企业管理发展经验介绍和人才培养等热点、难点问题研讨；各类工程项目管理经验交流；监理理论研究及前沿技术介绍等。

《中国建设监理与咨询》征订单回执（2021年）

订阅人信息	单位名称					
	详细地址				邮编	
	收件人				联系电话	
出版物信息	全年（6）期	每期（35）元	全年（210）元/套（含邮寄费用）		付款方式	银行汇款
订阅信息						
订阅自2021年1月至2021年12月，_____套（共计6期/年）			付款金额合计￥_____元。			
发票信息						
□开具发票（电子发票由此地址 absbook@126.com 发出） 发票抬头：_____ 纳税人识别号：_____ 发票类型：一般增值税发票 接收电子发票邮箱：						
付款方式：请汇至"中国建筑书店有限责任公司"						
银行汇款 □ 户　名：中国建筑书店有限责任公司 开户行：中国建设银行北京甘家口支行 账　号：1100 1085 6000 5300 6825						

备注：为便于我们更好地为您服务，以上资料请您详细填写。汇款时请注明征订《中国建设监理与咨询》并请将征订单回执与汇款底单一并传真或发邮件至中国建设监理协会信息部，传真010-68346832，邮箱zgjsjlxh@163.com。

联系人：中国建设监理协会　刘基建、王慧梅，电话：010-68346832

中国建筑工业出版社　焦阳，电话：010-58337250

中国建筑书店　王建国、赵淑琴，电话：010-68344573（发票咨询）

《中国建设监理与咨询》协办单位

北京市建设监理协会 会长：李伟	中国铁道工程建设协会 副秘书长兼监理委员会主任：麻京生	机械监理 中国建设监理协会机械分会 会长：李明安	京兴国际工程管理有限公司 执行董事兼总经理：陈志平
北京兴电国际工程管理有限公司 董事长兼总经理：张铁明	北京五环国际工程管理有限公司 总经理：汪成	中国电建POWERCHINA 咨询北京有限公司 BEIJING CONSULTING CORPORATION LIMITED 中国水利水电建设工程咨询北京有限公司 总经理：孙晓博	鑫诚建设监理咨询有限公司 董事长：严弟勇 总经理：张国明
CEEDI 北京希达工程管理咨询有限公司 总经理：黄强	CSIC 中船重工海鑫工程管理（北京）有限公司 总经理：姜艳秋	ECC 中咨工程管理咨询有限公司 总经理：鲁静	MCC 赛瑞斯咨询 北京赛瑞斯国际工程咨询有限公司 总经理：曹雪松
ZY GROUP 中建卓越 卓越二十年 中建卓越建设管理有限公司 董事长：邬敏	天津市建设监理协会 理事长：郑立鑫	河北省建筑市场发展研究会 会长：蒋满科	监理 山西省建设监理协会 会长：苏锁成
山西省煤炭建设监理有限公司 总经理：苏锁成	北京方圆工程监理有限公司 董事长：李伟	京精大房 北京建大京精大房工程管理有限公司 董事长、总经理：赵群	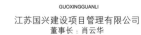PUHCA 帕克国际 北京帕克国际工程咨询股份有限公司 董事长：胡海林
福建省工程监理与项目管理协会 会长：林俊敏	广西大通建设监理咨询管理有限公司 董事长：莫细喜 总经理：甘耀域	湖北长阳清江项目管理有限责任公司 执行董事：覃宁会 总经理：覃伟平	GUOXINGGUANLI 江苏国兴建设项目管理有限公司 董事长：肖云华
江西同济建设项目管理股份有限公司 总经理：何祥国	正元监理 晋中市正元建设监理有限公司 执行董事：赵陆军	CSGEc 陕西中建西北工程监理有限责任公司 总经理：张宏利	临汾方圆建设监理有限公司 总经理：耿雪梅
mx 吉林梦溪工程管理有限公司 总经理：张惠兵	山西安宇建设监理有限公司 董事长兼总经理：孔永安	DBCM 大保建设管理有限公司 董事长：张建东 总经理：肖健	HT 山西华太工程管理咨询有限公司 总经理：司志强
山西晋源昌盛建设项目管理有限公司 执行董事：魏亦红	上海振华工程咨询有限公司 Shanghai Zhenhua Engineering Consulting Co., Ltd. 上海振华工程咨询有限公司 总经理：梁耀嘉	BUREAU VERITAS SPM 上海建设监理咨询 上海市建设工程监理咨询有限公司 董事长兼总经理：龚花强	FLOURISHING WORLD 盛世天行 山西盛世天行工程项目管理有限公司 董事长：马海英
武汉星宇建设工程监理有限公司 董事长兼总经理：史铁平	胜利监理 山东胜利建设监理股份有限公司 董事长兼总经理：艾万发	山西亿鼎诚建设工程项目管理有限公司 董事长：贾宏铮	江苏建科建设监理有限公司 董事长：陈贵 总经理：吕所章
LCPM 连云港市建设监理有限公司 董事长兼总经理：谢永庆	山西卓越 SHANXI ZHUOYUE 山西卓越建设工程管理有限公司 总经理：张广斌	M 陕西华茂建设监理咨询有限公司 董事长：阎平	安徽省建设监理协会 会长：苗一平
合肥工大建设监理有限责任公司 总经理：王章虎	江南管理 浙江江南工程管理股份有限公司 董事长总经理：李建军	A 苏州市建设监理协会 会长：蔡东星 秘书长：翟东升	浙江嘉宇工程管理有限公司 ZHEJIANG JIAYU PROJECT MANAGEMENT CO.,LTD 浙江嘉宇工程管理有限公司 董事长：张建 总经理：卢甬
QSH 浙江求是工程咨询监理有限公司 董事长：晏海军	甘肃省建设监理有限责任公司 Gansu Construction Supervision Co.,Ltd. 甘肃省建设监理有限责任公司 董事长：魏和中	FZCSA 福州市建设监理协会 理事长：饶舜	厦门海投建设咨询有限公司 党总支书记、执行董事、法定代表人兼总经理：蔡元发

《中国建设监理与咨询》协办单位

驿涛项目管理有限公司 董事长：叶华阳	永明项目管理有限公司 董事长：张平	河南省建设监理协会 会长：陈海勤	建基工程咨询有限公司 总裁：黄春晓
国机中兴工程咨询有限公司 执行董事兼总经理：李振文	新疆昆仑工程咨询管理集团有限公司 总经理：曹志勇	河南清鸿建设咨询有限公司 董事长：贾铁军	北京北咨工程管理有限公司 总经理：朱迎春
河南省光大建设管理有限公司 董事长：郭芳州	中元方工程咨询有限公司 董事长：张存钦	方大国际工程咨询股份有限公司 董事长：李宗峰	河南长城铁路工程建设咨询有限公司 董事长：朱泽州
河南兴平工程管理有限公司 董事长兼总经理：艾护民	湖北省建设监理协会 会长：刘治栋	武汉华胜工程建设科技有限公司 董事长：汪成庆	湖南省建设监理协会 常务副会长兼秘书长：屠名瑚
华春建设工程项目管理有限责任公司 董事长：王莉	湖南长顺项目管理有限公司 董事长：黄劲松　总经理：黄勇	广东省建设监理协会 会长：孙成	运城市金苑工程监理有限公司 董事长兼总经理：卢尚武
郑州大学建设科技集团有限公司 总经理：詹昌春	广东工程建设监理有限公司 总经理：毕德峰	广州广骏工程监理有限公司 总经理：施永强	西安四方建设监理有限责任公司 总经理：杜鹏宇
重庆市建设监理协会 会长：雷开贵	重庆赛迪工程咨询有限公司 董事长兼总经理：冉鹏	重庆联盛建设项目管理有限公司 总经理：雷冬菁	重庆华兴工程咨询有限公司 董事长：胡明健
重庆正信建设监理有限公司 董事长：程辉汉	重庆林鸥监理咨询有限公司 总经理：肖波	四川二滩国际工程咨询有限责任公司 董事长：郑家祥	中国华西工程设计建设有限公司 董事长：周华
云南省建设监理协会 会长：杨丽	云南新迪建设咨询监理有限公司 董事长兼总经理：杨丽	云南国开建设监理咨询有限公司 董事长兼总经理：黄平	贵州省建设监理协会 会长：杨国华
贵州建工监理咨询有限公司 董事长：张勤　总经理：赵中	贵州三维工程建设监理咨询有限公司 董事长：付涛　总经理：王伟星	西安高新建设监理有限责任公司 董事长兼总经理：范中东	西安铁一院工程咨询监理有限责任公司 总经理：杨南辉
西安普迈项目管理有限公司 董事长：李三虎	内蒙古科大工程项目管理有限责任公司 董事长：乔开元	云南城市建设工程咨询有限公司 董事长：杨家骏	河北中原工程项目管理有限公司 董事长：王亚东
青岛东方监理有限公司 董事长：胡民　总经理：刘永峰	四川康立项目管理有限责任公司 董事长：蒋增伙	山西辰丰达工程咨询有限公司 总经理：孙爱峰	九江市建设监理有限公司 董事长：郭冬生

董事长到丹河快线视察工作　　慈善总会与侯董事长签约仪式

董事长带领员工庆祝晋城高铁开通　　公司成立 20 周年暨表彰先进大会

凤城中学高中部　　　　　　丹河快线

丹河彩虹桥　　　　　　　　龙湾公园

沁水文化展示中心　　　　　泽州医院

长子县东方红小学

董事长杰出慈善人物　　高平市人民医院效果图
奖杯

山西明泰建设项目管理有限公司

　　山西明泰建设项目管理有限公司（晋城市明泰建设监理有限公司）创建于 2000 年，是晋东南地区（长治市、晋城市）首家获得甲级监理资质的企业，拥有自主产权的 2500m² 的九层办公楼以及配套齐全的办公设施、检测设备、交通工具，现具有房屋建筑工程监理甲级资质、市政公用工程监理甲级资质、人防工程监理乙级资质。通过了 ISO9001-2015 质量体系认证，是山西省建设监理协会常务理事单位。在近 30 多年的打拼中，造就了一支能按规范化科学管理，高资质专业服务、专业配套齐全的技术队伍，竭诚为业主提供工程监理、项目管理、技术咨询等全过程全方位的优质服务。公司现有员工 120 余名，其中高级技术职称、中级职称、国家级注册监理工程师、注册造价师、国家注册一级建造师、专业监理工程师、人防监理工程师等各类专业技术人员 100 余名。公司下设：综合办公室、财务核算部、经营业务部、工程项目部、质量安全部和 20 多个工程监理项目部。

　　近 20 多年来，明泰管理公司在董事长侯小屯先生带领下，从无到有，从小到大，综合实力显著增强，经营业绩节节攀升。公司在太原开发区、长治市及晋城市市区、高平市、阳城县、泽州县、开发区承揽了大型工业厂房、污水处理厂、燃气站及管网、自来水站及管网、热力站及管网、高层商住楼、政府办公楼、幼儿园、商场、学校、银行、公园、广场、道路、桥梁、高档住宅小区以及地下人防工程项目的监理业务约 400 多项，质量优良，服务上乘，广受赞誉。公司多年来连续获得省、市、县"先进监理企业""安全监理单位"等荣誉称号，公司董事长侯小屯荣获"山西省优秀企业家"的殊荣。

　　新征程，新起点。明泰管理公司将以党的十九大精神为指导，抓住改革发展的新机遇，继续坚持"依法监理，热忱服务，务实求新，科学诚信"的监理理念，秉承"安全为天，质量为本，诚信为德，服务为魂"的服务宗旨，持之以恒，继续努力，竭诚为新老业主提供全过程、全方位的建设工程监理和技术咨询服务。

　　拓业准则：守法、诚信、公正、科学。

　　质量方针：以人为本、规范监理、追求卓越、用户满意。

　　质量目标：服务承诺率 100%，合同履约率 100%、顾客满意率 100%。

地　址：山西省晋城市中原东街 287 号
电　话：0356-2050225
邮　箱：mingtaijianli@163.com
网　址：http://www.jcmtjl.com

皇城相府景区宾馆

永明项目管理有限公司

永明项目管理有限公司是中国建筑服务业首家全过程工程信息化智能管控服务平台，公司成立于2002年，国家工商总局实缴注册资本5025万元。公司主营业务包括全过程工程咨询、工程监理、造价咨询、招标代理等，目前已取得工程监理综合资质、工程造价咨询甲级资质、中央投资项目招标代理机构乙级资质、人民防空工程建设监理乙级资质、政府采购代理机构登记备案、机电产品国际招标代理机构登记备案以及中华人民共和国对外承包工程资质等多项资质，现拥有注册人员550余人。

公司现为中国建设监理协会理事单位，中国建设工程造价管理协会会员单位，中国招标投标协会会员单位，陕西建设网高级会员，陕西省建设监理协会副会长单位，陕西省招标投标协会副会长单位，陕西省建设工程造价管理协会理事单位。

永明公司作为国内首家全过程信息化智能管控服务平台，积极响应国家大力发展和扶持"互联网+"和平台经济等新型产业战略的号召，自主研发具备核心竞争力的尖刀产品"筑术云"，以信息化、数字化、智能化推动行业转型发展。筑术云平台以工程项目全生命周期为主线，通过应用移动视频监控系统、移动项目管理系统和移动专家在线系统等，为企业打造全新的项目管理体验，实现项目的标准化、多样化和可视化的数字管控模式。

经过多年的品牌推广和市场拓展，永明业务服务网点覆盖全国除港澳台地区之外的所有省级行政区，公司机关以及300多家分公司通过应用筑术云，凭借标准化、信息化和规范化的经营发展理念，以匠心品质和优质服务承揽海量优质项目。

项目展示：

1. 西安市公共卫生中心项目。
2. 地铁八号线3标段项目。
3. 西安航天基地东兆余安置项目。

公司在实现自身发展的同时也充分发挥民营企业在切实履行社会责任，促进经济社会发展的重要作用，始终积极参与和从事公益慈善活动。无论是在汶川地震后的灾后重建时期，还是在新冠疫情肆虐全国的"抗疫"斗争中，公司都充分发挥"一方有难、八方支援"的精神，义不容辞、不计成本和风险地组织人力、物力进行灾后建设和募捐活动。永明人曾先后前往汶川地震灾后重建指挥部、西安市公共卫生中心、西安市太阳村、西安市北仁村、西安市临潼区庄王村、礼泉县新时社区等贫困地区，在助学助教、扶贫济困和志愿服务等领域开展各类公益慈善活动。

未来，永明将继续秉持"爱心、服务、共赢"的企业精神做强技术，以智慧管控、规范经营和科学管理的经营模式优化服务，为促进行业健康发展，推动企业价值创造，承担民企责任做出更大的贡献！

公司总部沣东自贸产业园办公楼

公司指挥中心部门资质荣誉

筑术云信息化智能管控平台信息指挥中心

2020年1月智能监理启动仪式

航天基地东兆余安置项目

西安市公共卫生中心项目

西安航天基地东兆余安置项目

西安地铁群项目

公司帮困扶贫送温暖活动

公司机关人员标准化办公环境

公司承监的西安市公共卫生中心（应急院区）交接仪式

中国中医科学院中药科技园一期青蒿素研究中心（招标代理）　中国航信高科技产业园区建设工程（造价咨询）

公司党支部组织党员参观毛主席纪念堂

公司工会组织员工参加协会合唱比赛

北京市冰上项目训练基地（招标代理、造价咨询）

国机集团西部研发中心（工程监理、项目管理）

安哥拉索约电厂（工程监理、项目管理）　沈阳华晨宝马汽车有限公司铁西工厂（工程监理）

北京兴电国际工程管理有限公司

北京兴电国际工程管理有限公司（简称兴电国际）成立于1993年，是隶属于中国电力工程有限公司的央企公司，是我国工程建设监理的先行者之一。兴电国际具有国家工程监理（项目管理）综合资质、人防工程监理甲级资质、造价咨询甲级资质、招标代理甲级资质、设备监理甲级资质、工程咨询及军工涉密业务咨询服务资质，业务覆盖国内外各类工程监理、项目管理、招标代理及造价咨询等工程咨询管理服务，积累了丰富的业绩。兴电国际是全国先进监理企业、北京市及全国招标代理机构最高信用等级单位，是中国建设监理协会常务理事单位、中国招标投标协会理事单位、北京市建设监理协会及中国建设监理协会机械监理分会副会长单位。

兴电国际拥有优秀的团队。现有员工1000余人，其中高级专业技术职称的人员150余人（包括教授级高工16人），各类国家注册工程师320余人次，专业齐全，年龄结构合理。兴电国际还拥有1名中国工程监理大师。

兴电国际潜心深耕工程监理。先后承担了国内外房屋建筑、市政环保、电力能源、石油化工、机电安装及各类工业工程领域的工程监理3000余项，总面积约4900万 m²，累计总投资1200余亿元。公司共有300余项工程荣获中国土木工程詹天佑奖、中国建设工程鲁班奖（国家优质工程）、中国钢结构金质奖、北京市长城杯及省市优质工程，积累了丰富的工程创优经验。

兴电国际聚力推进项目管理。先后承担了国内外房屋建筑、市政环保、电力能源及铁路工程等领域的项目管理140余项，总面积约160万 m²，累计总投资520余亿元。在工程咨询、医疗健康、装修改造、PPP项目及国际工程等专业领域，积累了丰富的项目管理经验，紧跟国家"一带一路"的步伐走向国际。

兴电国际稳健发展招标代理。先后承担了国内外各类工程招标、材料设备招标及服务招标2700余项，累计招标金额600余亿元，其中包括大型公共建筑和公寓住宅、市政环保、电力能源及各类工业工程。公司在多年的招标代理实践中，积累了从工程总承包到专业分包、从各类材料设备到各类服务丰富的招标经验。

兴电国际大力发展造价咨询。先后为国内外各行业顾客提供包括编审投资估算、经济评价、工程概（预、结、决）算、工程量清单、招标控制价，各类审计服务及全过程造价咨询在内的造价咨询服务800余项，累计咨询金额600余亿元，其中包括大型公共建筑和公寓住宅、市政环保、电力能源及各类工业工程。公司在多年的实践中，积累了丰富的工程造价数据和造价咨询经验。

兴电国际管理规范科学。质量、环境、职业健康安全一体化管理体系已实施多年，工程咨询管理服务各环节均有成熟的管理体系保证。兴电国际的业务板块各具特色、相互呼应，可以根据顾客的需求提供菜单式工程咨询管理服务，包括全过程或阶段性专项服务、项目管理以及项目管理+专项服务等模式。兴电国际装备先进齐全，并建立了信息化管理系统。

兴电国际重视科研业务建设。全面参与全国建筑物电气装置标准化技术委员会（SAC/TC205）的工作，编制多项国家标准、行业标准及地方标准，参加行业及地方多项科研课题研究，主编国家注册监理工程师继续教育教材《机电安装工程》，担任多项行业权威专业期刊的编委。

兴电国际注重企业文化建设。为了建设具有公信力的一流工程咨询管理公司的理想，兴电国际秉承人文精神，以"星火"党支部"聚时一团火，散时满天星"的理念，引领群团工作，提高企业向心力和凝聚力。明确企业使命和价值观：超值服务，致力于顾客事业的成功；创造价值，和谐共赢。公司的核心利益相关方是顾客，顾客的成功将验证我们实现员工和企业抱负的能力。

不忘初心，同舟共济，兴电国际将一如既往地为所服务的工程保驾护航。通过打造无愧于时代的精品工程来实现自己的理想、使命和价值，为顾客、员工、股东、供方和社会创造价值！

中建卓越建设管理有限公司

中建卓越，随20世纪建筑业的第一次改革浪潮而生，致力于工程咨询22年，立足中原，逐步建立起遍布全国33个省份与地区的服务网络、千余咨询顾问，累计交付逾万项目，成为全国领先的工程建设综合服务企业。

中建卓越助力政府、企业与机构的项目管理，提供投资咨询、规划咨询、设计咨询、估值与造价咨询、招标代理、工程监理、金融咨询、施工及运维等各阶段的专业化解决方案，及全生命周期咨询服务，涵盖环境保护、房屋建筑、市政公用、交通运输、电力、水利、通信、冶炼、化工石油、农林工程等多个专业领域。同时，我们亦积极参与"一带一路"沿线国家与其他海外市场的基础设施项目。

我们始终以追求卓越的专业能力、创新能力和项目价值最大化为使命，关切客户需求，致力于协助客户管控风险、创造价值，合力构筑更美好的未来。

中建卓越先后成为"国家级高新技术认证企业""中国建设监理百强企业""中国招投标协会5A级单位""中国水利工程协会3A级单位""河南省人民政府重点培育建筑类企业""河南省建筑业骨干单位""河南省建设监理二十强单位""河南省豫商联合会副会长单位""河南省新能源商会副会长单位""河南省监理协会副会长单位""河南省招投标协会副会长单位""河南省'守合同、重信用'单位""河南省建设行业十杰企业"。

22年间，累计获得400余项殊荣，仅是近3年，国家级奖项获取12项，其中2项鲁班奖、1项国家优质工程金奖、9项国家优质工程，居全国行业前列。

公司资质

项目代建

河南省代建单位预选库

信用评级

全国3A级重合同守信用单位招标代理机构诚信创优5A等级企业信用3A等级

全过程工程咨询

工程咨询单位咨询评价

全过程工程咨询首批试点单位

建设项目全过程造价咨询试点企业

招标代理资质

工程招标代理甲级资质

中央投资项目招标代理甲级资质

政府采购代理甲级资质

监理资质

工程监理综合资质

水利工程施工监理甲级资质

水土保持工程施工监理资质

信息系统工程监理资质

人防工程监理资质

文物保护工程监理资质

中国石化工程监理入库资质

造价资质

工程造价咨询甲级资质

全过程工程造价咨询试点单位

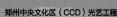

郑大一附院郑东新区医院项目

郑州国际会展中心工程

达拉特光伏基地

国电中山民众天然气热电冷联产工程项目

华容县塌西湖200MW（一期100MW）渔光互补项目建设工程

郑州国家干线公路物流港综合服务中心工程

郑州中央文化区（CCD）光艺工程

三亚市创意新城水系工程

福建省工程监理与项目管理协会第六届第一次会员大会（理事会）

福建省工程监理与项目管理协会
第六届会长林俊敏

第六届第一次常务理事会暨福建省工程
监理行业创新发展座谈会

参与低价投标企业约谈会

闽黔两省监理协会行业自律协作交流会

平潭综合实验区土地开发集团有限公司来我会调研交流会

福建省工程监理与项目管理协会
Fujian Association of Engineering Consultants

　　福建省工程监理与项目管理协会（Fujian Association of Engineering Consultants，简称 FJAEC）前身为福建省建设监理协会，成立于 1996 年，为适应行业发展的需要，2005 年更名。协会是由全省从事建设工程监理与项目管理服务、行业研究与管理的单位和个人自愿组成的行业性非营利性社会组织，是中国建设监理协会团体会员单位，受福建省住房和城乡建设厅的业务指导和福建省社会组织管理局的监督管理，驻地设在福建省福州市。2015 年 7 月，福建省民政厅授予协会 3A 级社会组织称号。

　　2019 年 11 月，协会完成换届，选举产生第六届理事会和监事会成员，福建海川工程监理有限公司董事长林俊敏当选为协会第六届会长。截至目前，协会单位会员数量 664 家，遍布福建省 9 个地级市。协会始终坚持"服务、进取、自律、和谐"的方针，遵循"一切为了会员，为了会员一切，为了一切会员"的服务宗旨，努力发挥政府与会员之间的桥梁和纽带作用，做好会员服务工作，推动会员企业转型升级，引导会员遵循"公平、独立、诚信、科学"的职业准则，团结、教育、引导单位会员自觉践行社会主义核心价值观，做合格的中国特色社会主义事业建设者，维护行业利益和会员的合法权益，促进行业公平竞争，努力将协会建设成推动会员团结合作、反映诉求、维护权益和健康发展的重要平台，积极打造成单位会员的和谐之家和品牌协会。

　　协会主要组织研究建设工程监理的理论、方针和政策；协助政府主管部门组织编制建设工程监理有关工作标准、规范和规程；组织交流学习和推广建设监理的先进经验，加强行业间的业务合作和技术交流等。协会还开展咨询信息服务，有会刊《福建建设监理与咨询》、福建建设监理网、福建监理微信公众号。协会常设秘书处办事机构，下设自律委员会、咨询委员会、通讯委员会、反洗钱和反恐怖融资工作办公室。

　　协会以行业发展为战略指导，发展和繁荣福建省建设监理事业，提高福建省的建设监理服务质量，维护监理行业声誉和整体利益积极推进，与贵州省建设监理协会签署行业自律共建协议，共同维护行业市场健康环境，协会也愿意与全国同行一起携手并进，共同推动行业良性、健康发展。

福建省工程监理与项目管理协会获
中国社会组织评估 4A 等级

地　址：福建省福州市鼓楼区北大路 113 号菁华北大 2-612 室
邮　编：350003
电　话：0591-87569904
传　真：0591-87817622
邮　箱：fjjsjl@126.com
网　址：http://www.fjjsjl.org.cn
微信公众号：fjjlxh

贵州建工监理咨询有限公司
Guizhou Construction Supervision&Consulting Co.,Ltd

中国建设监理协会领导专家莅临公司考察指导

国喜中心建设项目一期

贵州建工监理咨询有限公司原为贵州省住房和城乡建设厅下属贵州建筑技术发展研究中心于 1994 年 6 月成立的贵州建工监理公司，1996 年经建设部审定为甲级监理企业，是贵州省首家监理企业和首家甲级监理企业。2007 年 3 月完成企业改制工作，现为有限责任公司。2009 年审定为贵州省首批工程项目管理企业（甲级）。公司注册资本 800 万元人民币。1994 年加入中国建设监理协会，是中国建设监理协会理事单位。2001 年加入贵州省建设监理协会，是贵州省建设监理协会副会长单位，公司董事长出任协会副会长至今。从 2006 年至今连续荣获贵州省"守合同、重信用"单位称号，并荣获全国"先进工程建设监理单位"的称号。1999 年 12 月通过 ISO9001 国际质量认证，是贵州省首家通过 ISO9001 国际质量认证的监理企业，2020 年 8 月完成了质量管理体系要求 GB/T 19001—2016/ ISO 9001：2015、环境管理体系要求及使用指南 GB/T 24001—2016/ ISO 14001：2015、职业健康安全管理体系要求 GB/T 28001—2011/ OHSAS18001：2007 国际认证。

经过多年的不断发展，贵州建工监理咨询有限公司现已逐步发展成集工程监理、工程招标代理、工程造价咨询、工程咨询及工程技术专业评估等于一体的大型综合性咨询企业，并逐步向覆盖项目全生命周期的全过程工程咨询服务方向迈进。公司业务及资质范围包括：工程监理房屋建筑工程专业甲级、工程监理市政公用工程专业甲级、工程项目管理甲级、工程造价咨询甲级、工程招标代理甲级、工程监理机电安装工程专业乙级、工程监理公路工程专业乙级、工程监理水利水电工程专业乙级、工程监理通信工程专业乙级、地质灾害防治工程监理乙级、地质灾害危险性评估丙级、人防工程监理丙级。

公司现有 1000 余名具有丰富实践经验和管理水平的高、中级管理人员和长期从事工程建设实践工作的工程技术人员。此外，公司还拥有一批贵州省建设领域知名专家和学者，人员素质高、能力强，在专业配置、管理水平和技术装备上都有较强的优势，并且成立了各个专业的独立专家库。公司通过多年的技术及经验积累，会同公司专家及技术人员共同编撰了《监理作业指导纲要汇总》《项目监理办公标准化》《建筑工程质量安全监理标准化工作指南》《建设工程监理文件资料编制与管理指南》《监理工作检查考核标准化》《监理工作手册》等具有自有知识产权的技术资料。在信息化应用方面，公司使用监理项目信息管理系统软件（GPMIS）开展监理服务工作，动态监控在监项目在建设过程中出现的各种技术问题和管理问题，为建设单位提供切实可行的、具有针对性的合理化建议和实施方案。

在今后的发展过程中，我们将以更大的热忱和积极的工作态度，整合高素质的技术与管理人才，不断改进和完善各项服务工作，本着"诚信服务，资源整合，持续改进，科学管理"的服务方针，竭诚为广大业主提供更为优质的咨询服务，并朝着技术一流、服务一流和管理一流的现代化服务型企业而不懈努力和奋斗。

金龙·金色时代（龙泉村花月井城中村改造项目）　天合中心建设项目

万润·观山湖项目一期工程　　　望谟县 2018 年城市棚户区（城中村）改造项目（三期）勘察、设计、施工总承包（二标段）

贵定卷烟厂易地技术改造项目一标段（联合工房、动力中心及管道连廊）项目

2017 年等级评优 5A 级

2017 年十佳社会组织

协助省住房城乡建设厅组织召开住房城乡建设部建设工程企业资质（监理）审批权限下放试点政策宣贯会

组织会员代表参加中南地区省建设监理协会工作交流会

组织会员代表参加监理企业信息化管理和智慧化服务现场经验交流会

组织会员代表赴浙江上海学习考察

组织会员代表参加监理行业转型升级创新发展业务辅导活动

举办 2020 年"质量月"项目"云观摩"活动

"城市轨道交通工程监理规范"课题验收会顺利召开

举办"纾难解困、助力复工——疫情下监理企业复工复产如何防范法律风险"公益直播

陪同中国建设监理协会王早生会长一行到清远走访调研

组织会员单位代表赴惠州参加"广东福利社工热线"——"大爱有声，决胜脱贫攻坚"系列活动

组织召开《广东省建设工程安全生产管理监理规程》团体标准编制启动会

赴梅州与单位会员代表座谈

GDJLXH 广东省建设监理协会

一、协会基本情况

广东省建设监理协会成立于 2001 年 7 月 18 日，是由从事工程建设监理及相关服务业务的个人、单位及其团体组织自愿结成的地方性、专业性的非营利性社会组织。

二、协会的宗旨

提供服务、反映诉求、规范行为。

三、协会的业务范围

（一）宣传、贯彻、执行国家关于建设监理及相关服务的方针和政策；组织研究建设监理的理论、方针和政策；协助省建设行政主管部门编制建设监理及相关服务的有关法规、制度和准则等，宣传建设监理工作。

（二）承担省建设行政主管部门委托的关于建设监理及相关服务等方面的工作。

（三）针对监理行业反映强烈的问题，开展调查研究工作，定期向省建设行政主管部门提供监理行业的动态信息，维护会员的合法权益，反映会员单位的意见和建议。

（四）开展提高会员素质和管理水平的活动。组织编辑《广东建设监理》刊物，编写、制作、发放相关书刊和音像资料；组织研究、开发和推广相关应用软件；组织举办相应培训班、研讨班和经验交流活动；建立专业网站，发布市场信息，为会员单位提供交流平台，为会员单位提供技术咨询和信息服务。

（五）接受与本行业利益有关的决策论证咨询，维护会员的合法权益，依法开展我省监理会员内诚信评选活动。

（六）引导会员开拓国内外监理业务。组织会员赴国外开展监理及相关服务业务的考察活动。

（七）加强同省外、国外同类行业协会和企业的联系与沟通，开展与省外、国外同行业交流、合作、培训和学术研究等活动。

（八）加强会员和行业自律，制定行业自律公约，促进会员诚信经营；加强个人诚信管理，维护会员和市场公平竞争。

四、协会单位会员数量

截至 2021 年 3 月，单位会员数量 592 家，遍布广东省 21 个地级市，占全省建设工程监理企业 90%以上。

五、协会秘书处

协会常设机构为秘书处，分 3 个部门：行业发展部、咨询培训部和综合事务部。秘书处有秘书长 1 人，专职工作人员 12 人，共 13 人；秘书长主持秘书处的日常工作。

六、协会荣誉

中国建设监理协会副会长单位；

广东省社会组织总会副会长单位；

广东省粤港澳合作促进会常务理事单位；

2010、2016 年在广东省社会组织等级评估荣获 5A 等级；

2013 年被评为广东省民政厅指定行业自律和诚信建设示范单位；

2014—2016 年协会党支部连续 3 年荣获广东省民政厅颁发的先进党支部。

协会荣获广东省社会组织总会"2016 年度十佳社会组织会长""2017 年度十佳社会组织""2018 年度十佳社会组织秘书长"。

七、协会宣传平台

1. 广东省建设监理协会网站、协会打造了集网站、OA 办公、会员信息管理一体的信息管理系统和个人会员教育移动客户端。

2. 《广东建设监理》双月刊。

3. 广东省建设监理协会微信公众号。

协会接受广东省民政厅的监督管理及广东省住房和城乡建设厅的业务指导。

浙江求是工程咨询监理有限公司

浙江求是工程咨询监理有限公司是一家专业从事建筑服务的企业，致力于为社会提供全过程工程咨询、工程项目管理、工程监理、工程招标代理、工程造价咨询、工程咨询、政府采购和 BIM 咨询等大型综合性建筑服务。公司是全国咨询监理行业百强企业、国家高新技术企业、杭州市级文明单位和西湖区重点骨干企业，拥有国家、省、市各类优秀企业荣誉。

公司具有工程监理综合资质、工程招标代理甲级资质、工程造价咨询甲级资质、工程咨询甲级资质、人防工程监理甲级资质和水利工程监理等资质。

公司作为浙江省及杭州市第一批全过程工程咨询试点企业，在综合体、市政建设（隧道工程、综合管廊）、大型场（展）馆、农林、医院等多领域，具备全过程工程咨询服务能力，相关咨询服务团队达到 600 余人，专业岗位技术人员 1300 余人，已成为全过程工程咨询行业的主力军。

公司一直重视人才梯队化培养，依托求是管理学院构筑和完善培训管理体系。开展企业员工培训、人才技能提升、中层管理后备人才培养等多层次培训机制，积极拓展校企合作、强化外部培训的交流与合作，提升企业核心竞争力。公司通过"求是智慧管理平台"，进行信息化管理，实现工程管理数据化、业务流程化和工作标准化。

近年来，浙江求是工程咨询监理有限公司已承接咨询和监理项目达 5000 余个，其中全过程工程咨询项目 100 余个，广泛分布于浙江省各地、市及安徽、江苏、江西、贵州、四川、河南、湖南、湖北、海南等省，荣获国家、省、市（地）级各类优质工程奖 500 余个。一直以来得到了行业主管部门、各级质（安）监部门、业主及各参建方的广泛好评。

求是咨询将继续提升企业管理标准化水平，创新管理模式，用实际行动践行"求是咨询 社会放心"的使命，为客户创造更多的求是服务价值。

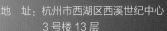

地　址：杭州市西湖区西溪世纪中心
　　　　3 号楼 13 层
电　话：0571-81110603
传　真：0571-89731194
网　址：http://www.zjqiushi.cn

杭州师范大学仓前校区一期工程中心区西块工程（国家优质工程奖）

（下城区灯塔单元 C6-D12）地块科研大楼（国家优质工程奖）

郑州市美术馆、档案史志馆建设项目工程（中国钢结构金奖）

桐庐县迎春南路（320 国道——杭千高速入城口）景观工程（中国风景园林学会优秀园林工程奖金奖）

衢州市高铁新城地下综合管廊建设工程全过程工程咨询服务

新湾街道创新村城乡一体化安置用房项目（浙江省钱江杯）

中国(福州)物联网产业孵化中心一期 1 号 - 4 号楼、6 号楼工程（福建省闽江杯）

亚运会棒（垒）球体育文化中心全过程工程咨询服务

衢州市文化艺术中心和便民服务中心项目全过程工程咨询服务

阿里巴巴北京总部项目

北京丰台火车站项目　　　　国家会议中心二期项目配套部分

中国铁物大厦项目　　　全国第一条城市中低速磁悬浮轨道交通S1线

武汉泰康总部大楼项目　　　腾讯北京总部大楼项目

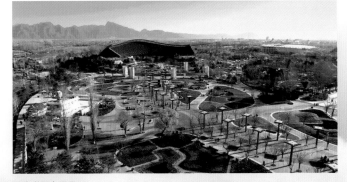

延庆世园会项目

雄县第三高级中学项目　　　雄安高质量发展检验中心项目

北京赛瑞斯国际工程咨询有限公司
MCC 赛瑞斯咨询 Beijing CERIS International Engineering & Consulting Co.,Ltd.

　　北京赛瑞斯国际工程咨询有限公司（以下简称赛瑞斯咨询）隶属于中国冶金科工集团，是一家全资国有的综合性工程咨询机构。公司成立于1993年，一直伴随着我国监理行业和工程咨询行业的发展而发展，经过近30年的努力，公司在行业内已经成长为具有一定知名度和影响力、具有"赛瑞斯"咨询品牌形象的综合性工程咨询机构。

　　赛瑞斯咨询是全国首批获得工程监理综合资质的4家企业之一，亦是国内首批通过ISO9000质量体系认证的工程咨询公司。

　　赛瑞斯咨询自成立以来，始终坚持"顾客至上、科学公正、环保健康、预防改进、技术引领、持续创新"的管理方针，创造更高价值——通过提供高品质咨询服务，为顾客创造更高的价值；通过与员工的共同发展，为员工创造更好的成长空间；通过企业持续稳定的发展，为企业创造更高价值。

　　赛瑞斯咨询目前具有以下资质：工程咨询甲级、工程造价咨询甲级、招标代理甲级、工程监理综合，能够为业主提供全方位、专业化的全过程工程咨询服务，以丰富的经验和雄厚的技术为工程建设保驾护航。赛瑞斯咨询涵盖房屋建筑工程、市政公用工程、机电安装工程、电力工程、铁路工程、公路工程、通信工程、水利水电工程、农林工程、冶炼工程、矿山工程、化工石油工程、航天航空工程、港口与航道工程等14类专业的技术人才与技术积累，能够为业主提供专业齐全的工程建设咨询服务。

　　赛瑞斯咨询拥有员工1700余人，其中中、高级技术职称人员占75%以上，各类国家注册执业资格人员500余人。公司始终将人力资源作为宝贵的财富，通过不间断的职业培训和吸收新的专业人才，为公司的持续发展提供源源不断的动力和智力保障，公司已经逐步形成了一支团结、敬业、求实、高效的工程咨询团队。

　　赛瑞斯咨询经过近30年的发展，在民用工程、工业工程及地铁和市政方面承揽了众多的工程咨询业务，积累了丰富的工程咨询经验。为了更好地服务于业主，公司进一步延伸业务范围，在工程前期咨询、工程造价咨询、工程招标代理及全过程工程咨询等业务方面进行全面发展，并且获得了业主方的普遍认可。

　　2004年赛瑞斯咨询被北京市住房和城乡建设委员会和发展和改革委员会定为项目管理和代建制管理的试点单位；2006年公司被评选为"北京市十大品牌监理公司"和"中国最具竞争力的100强监理企业"；2008年获得北京市建设监理行业奥运工程监理贡献奖；同时连续多年被评为北京市监理协会"先进建设监理单位"及中国建设监理协会"先进监理企业"。

　　赛瑞斯咨询以优异的品质、先进的管理、齐全的服务类型成为工程咨询领域的领先者，以强有力的技术力量和品牌战略支持着企业的持续发展。以高品质服务满足客户的需求，以客户的成功衡量我们的成功为信念，提供全过程、全方位、全范围的建设工程全过程工程咨询服务，把对完美的追求融注于每一个项目之中，把优质的服务奉献给每一位业主，奉献给社会。

安徽省建设监理协会

安徽省建设监理协会成立于 1996 年，历经 25 年发展，见证了安徽省建设监理行业的高速发展，同时，也见证了会员企业的成长壮大，在中国建设监理协会、安徽省住房和城乡建设厅、安徽省社会组织管理局的关怀和帮助下，协会各项工作也取得了长足的进步，协会现有会员单位 550 家，其中综合甲级资质企业 10 家，专业甲级资质企业 131 家，合计占会员总数的 25.6%。

随着我国经济社会改革的不断深入，建设行业也在发生着巨大的变化，自 2017 年国务院办公厅发布《关于促进建筑业持续健康发展的意见》（国办发〔2017〕19 号）以来，协会认真研究学习文件精神，并全力贯彻实施，不断致力于提高全省监理行业发展水平。

一、坚持引导企业转型发展

2019 年 8 月，协会联合安徽省勘察设计、造价管理、招标投标和工程咨询等省级协会，组织召开"全过程工程咨询企业合作发展交流会"，引起了热烈的市场反响。随后协会众多会员启动了联合经营与兼并重组工作进程。与此同时，协会鼓励会员企业创新业务发展模式，除探索实践全过程工程咨询外，会员单位恒泰工程咨询集团有限公司的第三方质量巡查、国华工程科技集团的保障房建设及老旧小区建设第三方核查均取得显著的效果。

二、坚持推广 BIM、信息化技术应用

BIM 技术作为一次技术革命，已经深入应用到各个建设阶段，也给工程建设的精细化管理提供了强有力的工具支撑。监理行业的现场管理工作有大量的资料及信息流转，传统模式下效率低，而信息化平台的应用极大地改善了这种状况。在协会的不断宣传推动下，会员企业开展了卓有成效地实践，如安徽电力工程监理有限公司监理的昌吉—古泉特高压直流输电工程 ±1100kV 古泉换流站采用了三维设计、VR 技术、BIM 技术等先进技术手段。

三、坚持推动企业"走出去"

在省政府号召下，安徽省建筑行业开始全面对标"长三角"，坚持开放、学习，强化行业综合能力提升，协会积极发挥桥梁纽带作用，坚持引导会员单位走出安徽、走出国门，并帮助企业协调解决实际困难，众多会员单位逐步实现了"全国化"的发展布局，其中以马鞍山迈世纪工程咨询有限公司为代表的部分会员单位，跟随国家"一带一路"战略，已在印尼、乌兹别克斯坦等 10 余个国家承接项目全过程工程咨询等业务近百项。

四、坚持贯彻发展政策确保行稳致远

当下，安徽省建设监理行业仍处在发展阶段，协会面临着企业核心竞争力不强、综合服务能力欠缺和行业集中度偏低等问题。但是，随着建筑行业"放管服"改革的进一步深入，这些问题都将逐步获得解决，协会将始终坚持贯彻发展政策，发挥应有的行业治理辅助作用，坚持"补短板、扩规模、强基础、树正气"的战略方向，为安徽省的建设行业发展做出更多的贡献。

合肥工大建设监理有限责任公司承监的佛山市顺德区南国东路延伸线工程项目中的控制性工程顺兴大桥整体图

安徽宏祥工程项目管理有限公司承揽的监管一体化服务项目复旦大学附属儿科医院安徽医院项目实景融入效果图

安徽电力工程监理有限公司监理的昌吉—古泉特高压直流输电工程 ±1100kV 古泉换流站全景图

马鞍山迈世纪工程咨询有限公司承揽的印尼首条 200 万 t 氧化铝生产线——印尼宏发韦立氧化铝项目

上海世贸广州汇金中心
（广州国际金融城）　　佛山世纪莲体育中心

佛山西站综合交通枢纽工程　　华阳桥特大桥工程

广东省奥林匹克体育中心

广东省博物馆新馆

广东省美术馆、广东省非物质文化遗产　　广深高速公路
展示中心、广东省文学馆"三馆合一"
项目

背景图：武汉市轨道交通六号线一期工程第一、二、三、四、七、八标段土建
工程（第三标段）

广东工程建设监理有限公司

广东工程建设监理有限公司，于1991年10月经广东省人民政府批准成立，是原广东省建设委员会直属的省级工程建设监理公司。经过近30年的发展，现已成为拥有属于自己产权的写字楼和净资产达数千万元的大型综合性工程管理服务商。

公司具有工程监理综合资质，在工程建设招标代理行业及工程咨询单位行业资信评价中均获得最高等级证书，同时公司还具有造价咨询乙级资质、人防监理乙级资质以及广东省建设项目环境监理资格行业评定证书等，已在工程监理、工程招标代理、政府采购、工程咨询、工程造价和项目管理、项目代建等方面为客户提供了大量的优质的专业化服务，并可根据客户的需求，提供从项目前期论证到项目实施管理、工程顾问管理和后期评估等紧密相连的全方位、全过程的综合性工程管理服务。

公司现有各类技术人员800多人，技术力量雄厚，专业人才配套齐全，具有全国各类注册执业资格人才300多人，其中注册监理工程师100多人，拥有中国工程监理大师及各类注册执业资格人员等高端人才。

公司管理先进、规范、科学，已通过质量管理体系和环境管理体系、职业健康安全管理体系、信息安全管理体系、知识产权管理体系五位一体的体系认证，采用OA办公自动化系统进行办公和使用工程项目管理软件进行业务管理，拥有先进的检测设备、工器具，能优质高效地完成各项委托服务。

公司把"坚持优质服务、实行全天候监理、保持廉洁自律、牢记社会责任、当好工程质量卫士"作为工作的要求和行动准则，所服务的项目均取得了显著成效，一大批工程被评为鲁班奖，詹天佑土木工程大奖，国家优质工程奖，全国市政金杯示范工程奖，全国建筑工程装饰奖和省、市建设工程优质奖等，深受建设单位和社会各界的好评。

公司有较高的知名度和社会信誉，先后多次被评为全国先进建设监理单位和全国建设系统"精神文明建设先进单位"，荣获"中国建设监理创新发展20年工程监理先进企业"和"全国建设监理行业抗震救灾先进企业"称号。被授予2014—2015年度"国家守合同重信用企业"和连续20年"广东省守合同重信用企业"；多次被评为"全省重点项目工作先进单位"；连续多年被评为"广东省中小企业3A级企业"和"广东省诚信示范企业"。

公司始终遵循"守法、诚信、公正、科学"的执业准则，坚持"以真诚赢得信赖，以品牌开拓市场，以科学引领发展，以管理创造效益，以优质铸就成功"的经营理念，恪守"质量第一、服务第一、信誉第一"和信守合同的原则，在激烈的市场竞争大潮中，逐步建立起自己的企业文化，公司一如既往，竭诚为客户提供高标准的超值服务。

地　址：广州市越秀区白云路111-113号白云大厦16楼
邮　编：510100
电　话：020-83292763、83292501
传　真：020-83292550
网　址：http://www.gdpm.com.cn
邮　箱：gdpmco@126.com

微信公众号：gdpm888

方大国际工程咨询股份有限公司
FANGDA INTERNATIONAL ENGINEERING CONSULTING CORP.,LTD.

方大国际工程咨询股份有限公司（股票代码：839296），成立于2003年，是国内领先的综合性工程咨询企业，总部位于郑州，致力于为投资及建设领域提供综合性、全方位和专业化的管理咨询服务。

公司拥有工程监理、招标代理、造价咨询等行业最高等级资质，可提供与投资相关的各类管理与咨询服务，主要包括：政府采购、工程建设全过程工程咨询（建设策划、建设实施、运维）、招标代理、工程监理、造价咨询、第三方工程评估、工程项目管理等服务。

截至目前，公司在全国设有68家分支机构，业务遍布全国26个省及自治区，200多个地市级以上城市。作为新三板创新层企业，公司是全国信用评价3A级企业、高新技术企业、全国首届招标代理信用评价3A级企业、全国招标代理机构诚信创优5A级企业、河南省建筑业骨干企业、河南省建设行业十佳企业和河南省全过程工程咨询服务试点企业。作为行业内创新意识强、服务理念新、亮点特色多和综合实力强的明星企业，所服务项目连续多年荣获国家、省市先进单位、优质工程等荣誉。

公司现有员工1200余人，国家级注册人员200余人，中、高级职称270余人，数量位居行业前列。公司崇尚人才，以打造高素质人才队伍适应行业发展，满足市场需求为第一要务。通过建设优秀企业文化，营造关爱、成长、竞争的工作氛围，营造企业"家"文化，促进团队蓬勃发展。同时，建立了公开公平的竞聘上岗机制，构建由"国内一流学府EMBA+方大商学院＋专项技术技能培训班"组成的多层次的员工成长培养体系，为企业快速发展输送了大批优秀人才。

10多年来，公司秉承"让天下没有难做的工程"的企业使命，持续深耕工程咨询领域，以身体力行的实践为客户创造价值，以优质的服务品质赢得行业良好口碑。经过不懈努力，公司积累了丰富的经验，形成了贯穿建设领域全生命周期的服务链条，构建了管理与咨询理论方法以及以客户满意度为核心的360°服务体系。同时利用互联网思维，不断探索工程建设实施及管理规律，为客户提供系统性、前瞻性的管理咨询服务，搭建了一个多方参与、垂直整合、多方共赢的行业生态平台。

面向未来，方大咨询将继续秉承"正直、进取、共生"的核心价值观，不断加强研发创新及人才队伍建设，不断推进管理的规范化、标准化和科学化，为客户提供最优质服务；将始终以奋斗者姿态做行业创新发展的探路者和领跑者，为打造一家受尊重的工程咨询企业而不懈努力！

承德未来城——隆基泰和

中国石化（亦庄）智能制造研发生产基地项目

河南信息统计学院

河南对外贸易职业学院

融创中原壹号院——融创

邢台碧桂园观澜壹号

郑州华润万象城二期

郑州市东四环南四环立交桥效果图

郑州市南四环枢纽式互通（效果图）

郑州市天健湖大数据产业园

雄安新区容西片区

党支部召开党史专题学习会

协会秘书处学习习近平总书记视察贵州讲话精神

组织会员单位对织金县歹阳小学开展助学扶贫工作

协会四届会员代表大会暨四届七次理事会合影

根据工程监理企业的需要，召开专题座谈会

全省性社会组织综合党委领导莅临协会指导党建工作

绍兴市全过程工程咨询与监理协会来黔传经送宝

线上线下结合召开四届十次常务理事会

开展总监理工程师交流活动

走访铜仁市住房和城乡建设局并与当地工程监理企业座谈

贵州省建设监理协会
风雨历程　不负荏苒

　　随着改革开放的步伐，随着贵州经济的高速发展，贵州监理行业从无到有，从小到大，迅速成长。经过 30 余年的历练，监理队伍日益壮大，监理企业初具规模，监理人员素质不断提高，监理企业逐步走向理性、规范和成熟，已发展为贵州工程建设的一股不可或缺的重要力量。目前，全省共有监理企业 226 家，其中综合资质 1 家、甲级资质 50 家、乙级及以下资质 175 家；国家注册监理工程师近 3000 人，监理从业人员超过 30000 人，监理业务涵盖了房屋建筑、市政公用工程、水利水电、石油化工、矿山冶炼、机电安装、电力工程、公路工程等类别。30 多年来，贵州监理有初创的痛苦、有成功的喜悦、有对困难的彷徨、有对前程的期望。磨砺了一个个监理精英，涌现了一批先进企业，共创了一个又一个优质工程。当前的深化改革对监理行业既是新的挑战，又是新的机遇、新的起点。协会直面市场，发挥专业技术优势和转型升级高质量发展，在贵州新型工业化、新型城镇化、农业现代化和旅游产业化建设热潮中，再创监理辉煌。

　　贵州省建设监理协会成立于 2001 年。20 年来，协会努力适应形势要求，以积极推动贵州省监理行业发展为目标，始终坚持为行业服务、为企业服务和为社会服务的宗旨，充分发挥协会的桥梁和纽带作用，努力开展经验交流、问题研讨和业务培训工作，致力于提升监理行业人员素质和监理服务品质，积极引导企业加强自律，推进信用体系建设，促进工程监理行业的健康发展。

　　回顾昨天，展望未来。在党的十九大精神的引领下，在习近平中国特色社会主义思想的指导下，协会不忘初心，牢记使命，抓住当前的机遇，不断深化改革，实现转型升级，提升服务水平，为实现"十四五"规划和 2030 年远景目标，实现中华民族的伟大复兴贡献自己的力量。

地　址：贵州省贵阳市延安西路 2 号建设大厦西楼 13 楼
电　话：0851-85360147
邮　箱：gzjsjlxh@sina.com
网　址：www.gzjlxh.com

与福建省签订行业自律共建协议

河南兴平工程管理有限公司

河南兴平工程管理有限公司成立于1995年，是中国平煤神马集团控股的具有独立法人资格的工程管理公司，注册资金1000万元，公司先后通过ISO9001国际质量管理体系、环境管理体系、职业健康安全管理体系认证。公司是中国煤炭建设协会理事单位，中国设备监理协会会员单位，中国建设监理协会化工分会理事单位，河南省建设监理协会副秘书长单位，河南省建设工程招投标协会会员单位，平顶山市建筑业协会副会长单位，《中国煤炭》杂志全国理事会理事单位，《建设监理》杂志理事会副理事长单位。2017年底，公司被确定为河南省重点培育建筑类企业（2017—2020年），成为全过程工程咨询试点单位。

一、公司资质

公司现拥有矿山工程、房屋建筑工程、市政公用工程、化工石油工程、电力工程和冶炼工程六项甲级监理资质；工程招标代理乙级资质；造价咨询乙级资质；人防工程监理丙级资质，达到了行业内领先水平。主要业务类别涉及矿井建设、机电安装、公路、桥梁、环保、化工、电力、冶炼、城市道路、给排水、房屋建筑监理；工程经济；造价咨询；投标招标等领域。

二、人员结构

公司拥有工程管理及技术人员200余人，其中各类国家级注册工程师72人次，省和行业专业监理工程师100余人。专业技术人员齐全，具备对项目建设全过程工程咨询管理的水平。

三、业绩与荣誉

公司业务范围涉及内蒙古、青海、贵州、四川、湖北、山西、安徽、宁夏等10多个省市，承接完成和在建的项目工程700余项，其中国家、省部级重点工程近百项，完成监理工程投资额达600亿元以上，所监理项目工程的合同履约率达100%。

公司监理的各项工程多次荣获殊荣，如"中国建设工程鲁班奖"、煤炭行业优秀工程"太阳杯"、全国"化工行业示范项目奖"、河南省建设工程"中州杯"，河南省建设工程"结构中州杯"、河南省保障性安居工程安居奖、平顶山市"鹰城杯"等工程奖项。被中国煤炭建设协会评为"全国煤炭行业二十强"，被中国建设监理协会化工监理分会评为全国"化工行业示范优秀企业"，也被河南省住房城乡建设厅评为"河南省工程监理企业二十强单位"公司多个项目部荣获"全国煤炭行业十佳项目监理部"。

四、工作思路

面对市场机遇和挑战，公司把握行业发展趋势"坚持专业化发展，打造一流的全过程工程咨询企业"，把"诚信科学、严格监理、顾客满意、持续改进"作为行为准则，以提供优质服务和工程安全质量为原动力，坚持创新发展，为社会创建优质工程，努力构建管理一流、业务多元、行业领先的工程管理企业。

地　　址：河南省平顶山市卫东区建设路东段南4号院
邮　　编：467000
电　　话：0375-2797957
传　　真：0375-2797966
E-mail：hnxpglgs@163.com
网　　址：http://www.hnxp666.com

公司董事长艾护民

国家陆地搜寻与救护平顶山基地

中国平煤神马集团尼龙化工己二酸工程

中国平煤神马集团安泰小区

平顶山中平煤电储装运系统

平顶山大型捣固京宝焦化焦炉

平顶山市光伏电站

平顶山平煤医疗救护中心

开封东大化工

中国平煤神马集团首山一矿

广发金融中心（北京）建设项目

合肥京东方医院

榆林榆阳机场二期扩建工程 T2 航站楼及高架桥工程

北京大兴国际机场东航基地项目一阶段工程第 IV 标段（航空食品及地面服务区）

西安奕斯伟硅产业基地项目

咸阳彩虹第 8.6 代 TFT-LCD 项目

宁算科技集团拉萨一体化项目－数据中心（一期）工程

贵阳移动能源产业园一期工程项目（第一阶段）

超视堺第 10.5 代 TFT-LCD 显示器生产线（广州）项目

安信金融大厦项目

北京希达工程管理咨询有限公司

北京希达工程管理咨询有限公司（简称希达咨询公司），前身为北京希达建设监理有限责任公司，2019 年 2 月完成更名，是中国电子工程设计院有限公司的全资子公司。

希达咨询公司具备工程建设监理综合资质、设备监理甲级资质、信息系统工程监理甲级资质和人防工程监理甲级资质，是国内仅有的同时在建设工程、设备、信息系统、人防工程 4 个领域拥有最高资质等级的监理公司。2017 年 5 月，入选住房城乡建设部"全过程工程咨询试点企业"。

希达咨询公司主要从事项目管理、工程监理、代建、设计管理、造价咨询、全过程工程咨询等业务，涉及房屋建筑、市政交通工程、工业工程、电力工程、通信信息工程、城市综合体、民航机场、医疗建筑、金融机构、数据中心等多个领域，承接了一批重点工程项目。

项目管理及代建项目：广发金融中心（北京）、安信金融大厦、京东方先进实验室项目、北京工业大学体育馆、中国民生银行股份有限公司总部基地工程等项目。

机场项目：榆林机场 T2 航站楼、新机场东航基地项目、北京大兴国际机场停车楼、北京大兴国际机场综合服务楼、北京大兴国际新机场西塔台、北京大兴国际机场东航基地、首都国际机场 T3 航站楼及信息系统工程、石家庄国际机场、昆明国际机场、天津滨海国际机场等项目。

数据中心项目：中国移动数据中心、北京国网数据中心、蒙东国网数据中心，中国邮政数据中心、华为上饶云数据中心、乌兰察布华为云服务数据中心等项目。

医院学校项目：北大国际医院、合肥京东方医院、援几内亚医院、山东滕州化工技师学院、固安幸福学校、援塞内加尔妇幼医院成套等项目。

电子工业厂房：广州超视堺第 10.5 代 TFT-LCD、西安奕斯伟、上海华力 12 英寸半导体、南京熊猫 8.5 代 TFT、咸阳彩虹第 8.6 代 TFT-LCD、京东方（河北）移动显示等项目。

市政公用项目：北京新机场工作区市政交通工程、滕州高铁新区基础建设、莆田围海造田、奥林匹克水上公园等项目。

场馆项目：塞内加尔国家剧院、缅甸国际会议中心、援几内亚体育场项目、援巴哈马体育场项目、援肯尼亚莫伊体育中心、北京工业大学体育馆等项目。

近年来，希达咨询公司承担的工程项目，共计荣获国家及省部级奖项上百项，包括"工程项目管理优秀奖""鲁班奖""詹天佑奖""国家优质工程奖""北京市长城杯""结构长城杯""建筑长城杯""上海市白玉兰奖""优质结构奖""金刚奖"等。

公司积极参与行业建设，承担了多个协会的社会工作。公司是中国建设监理协会理事单位、北京建设监理协会常务理事单位、中国设备监理协会理事单位、中国电子企业协会信息监理分会副会长单位、北京人防监理协会会员单位、北京交通监理协会会员单位、机械监理协会副会长单位等。

公司拥有完善的管理制度、健全的 ISO 体系及信息化管理手段。自主研发项目日志日记系统、员工考核和学习系统，采用先进的企业 OA 管理系统，部分项目管理采用 BIM-5D 软件。近年来，多人获得全国优秀总监、优秀监理工程师称号，拥有高效、专业的项目管理团队。

地 址：北京市海淀区万寿路 27 号
电 话：68208757 68160802
邮 编：100840
网 址：www.xida.com

大保建设管理有限公司

大保建设管理有限公司是面向全国服务的综合性工程管理咨询企业，公司总部坐落于美丽的海滨城市大连，公司目前已成立了吉林、江苏和大连分公司，内蒙古、山东分公司正在筹备中。公司成立于1994年，1999年由国企改制为民营企业，注册资金5000万元。公司通过了质量管理体系、职业健康管理体系和环境管理体系认证，具备电力、市政和房建监理甲级资质，水利水电监理、工程造价咨询乙级资质。

公司自创建以来，秉承"勤勉、平和、公正、共赢"的企业精神，先后承揽了各类电力工程监理、市政工程监理、建筑工程监理、招标代理、造价咨询、项目管理等千余项工程的咨询服务业务，总投资超过千亿元人民币。公司在建设和发展的过程中，坚持以监理服务为平台、不断积累实践经验，不断面向工程项目管理服务拓展，成功为多家外资企业提供了工程项目管理、工程总承包和代建服务。

近年来，公司在电力工程监理方面取得了长足进步，在全国范围内承揽了多个特高压、高压输变电工程，风电、火电、水电、生物质发电、光伏发电工程，在电力监理行业打开了市场，获得了一定的知名度。

公司在为社会和建设业主提供服务的过程中，不仅获得良好的经济效益，也赢得了诸多社会荣誉。有多项工程获"世纪杯""星海杯""金钢奖""优质结构"奖，连续多年被评为省先进监理单位，多年的守合同、重信用单位，被中国社会经济调查所评为质量、服务、信誉3A企业，建设行政主管部门、广大建设业主也给予了"放心监理""监督有力、管理到位"的赞誉。公司是大连市工程建设监理协会副会长单位、中国建设监理协会会员、中国电机工程学会会员和中国电力建设企业协会会员。2011—2012年度被中国监理协会评为"全国先进监理企业"。多年来，公司在承载社会责任的同时热衷慈善事业，年年为慈善事业捐款，在保税区建立慈善基金，公司董事长当选大连市慈善人物，公司多次获得"慈善优秀项目奖"，受到社会各界的广泛好评。

公司在发展过程中，十分注重提供服务的前期策划，充分注重专业人才的选拔与聘用，坚持科学发展和规范化、标准化的管理模式，大量引进和吸收高级人才，公司所有员工都具有大专以上学历和专业技术职称，现拥有国家注册各类执业资格证书的人员80余人，评标专家20余人。工程监理、造价、建造、工程管理、招标代理、外文翻译等专业门类人才齐全，技术力量雄厚，注重服务和科研相结合，先后在《中国建设监理与咨询》《建设监理》等杂志上发表学术论文30余篇，并有多篇论文在中国电机工程学会电力建设论文评选中获奖；近年来，先后参与国家、行业及团体标准的制定，在监理行业中处于领先地位。

通过多个工程项目管理（代建）、招标代理、工程造价咨询服务的实践检验，公司已完全具备为业主提供建筑工程全过程服务的实力。全体员工将坚持以诚实守信的经营理念，以过硬的专业技术能力，以吃苦耐劳的拼搏精神，以及时、主动、热情和负责的工作态度，以守法、公正、严格、规范的内部管理，以业主满意为服务尺度的经营理念，为广大建设业主提供实实在在的省心省力省钱的超值服务。

地　址：大连市开发区黄海西六路9# 富有大厦B座9楼
电　话/传　真：0411-87642981/0411-87642911
网　址：http://www.dbjl.com.cn

背景图：中船重工镶黄旗风力发电125MW特高压风电项目

江苏淮安伊安物流中心一期（代建）项目

蒙东富河220kV变电站

扎鲁特－科尔沁500kV输变电工程

内蒙古包头领跑者150MW光伏项目

齐齐哈尔梅里斯生物质热电联产项目

黑龙江嫩江红石砬水电站

大连国贸大厦350m超高层项目　　漯河绿地中央广场200m超高层项目

绿地东北亚国际博览城国际会展中心项目

大连保税区远东工业园（250000m²）项目　　大连地铁5个标段工程监理

开展主题党日活动，重走红色足迹，追溯红色记忆

举办"福道杯"健身跑竞赛活动，丰富文体生活

举办趣味运动会，展现会员单位队伍凝聚力、战斗力

研究讨论实施网格化服务，深入走访调研，推进精准服务

福州市直城乡建设系统委员会于2020年7月授予协会支部"先进基层党组织"称号

经福州市民政局评估，取得5A等级社会组织

接待兄弟协会来访交流

召开协会六届一次会员大会

举办施工质量安全标准化现场观摩会

开展"八一"双拥慰问活动

福州市全过程工程咨询与监理行业协会

　　福州市全过程工程咨询与监理行业协会，原为福州市建设监理协会，成立于1998年7月，是经福州市民政局核准注册登记的非营利社会法人单位，接受福州市民政局的监督管理和福州市城乡建设局的业务指导，本会党建工作接受中共福州市直城乡建设系统委员会领导。协会会员由在福州市从事工程建设全过程工程咨询与监理工作的单位组成，现有会员266家。

　　协会认真贯彻党的十九大和十九届三中、四中、五中全会精神，以马克思列宁主义、毛泽东思想、邓小平理论、"三个代表"重要思想、科学发展观、习近平新时代中国特色社会主义思想为指导，遵守宪法、法律、法规，遵守社会公德和职业道德，贯彻执行国家的有关方针政策。作为政府与企业之间的桥梁，协会积极发挥作用，向政府及其部门转达行业和会员诉求，同时提出行业发展等方面的意见和建议，当好政府的助手和参谋，加强双方的互动与沟通；承接政府部门委托，完成施工承包企业安全生产标准化考评、年度监理行业统计等各项任务，配合完成建设行业行风整治专项活动，完成了建筑施工质量安全管理现状及信息化手段应用调研工作。维护会员的合法权益，热情为会员服务，引导会员遵循"守法、公平、独立、诚信、科学"的职业准则，维护开放、竞争、有序的监理市场；协会组织、联络会员单位参加施工质量安全标准化现场观摩会等行业相关活动，有力推进安全生产管理工作的贯彻落实，完善行业管理，促进行业发展；协会积极维护监理行业健康有序的经营秩序，鼓励行业自律，规范监理市场，成立咨询委员会和自律与维权委员会，倡导会员单位共同创建福州监理市场的诚信机制，进一步增强廉洁自律意识，提高行业声誉；依托"两委"，开展走访调研，面向会员单位，实施网格化服务，形成更广泛的行业共识，提升协会凝聚力；协会还与各省市兄弟协会组成行业协会自律联盟，在平等互惠、信息共享、经验借鉴等方面加强合作，为促进协会会员企业跨区域发展搭起"绿色通道"，通过开展调研交流，学习借鉴了有关监理行业的转型升级、人才培养、自律诚信体系建设等方面的做法与经验。

　　多年来，协会积极开展内部建设，推动协会健康持续发展，积极参与文明城市创建，积极开展双拥共建、社区共建、志愿服务、环境保护等工作，体现协会的社会担当，树立良好社会形象。

　　2017年，协会经福州市民政局评估，取得"5A级社会组织"等级；2020年，协会党支部被福州市直城乡建设系统党委评为"先进党组织"。

晋中市正元建设监理有限公司

晋中市正元建设监理有限公司成立于 1995 年 9 月 25 日，原名晋中市建设监理有限公司，于 2008 年 6 月批准更名，隶属晋中市住房和城乡建设局，是山西省建设监理协会会员单位。

公司具有住房城乡建设部核发的房屋建筑工程监理甲级资质，市政公用工程监理甲级资质，同时具有山西省住房城乡建设厅核发的机电安装工程监理乙级资质、电力工程监理乙级资质、化工石油工程监理乙级资质、通信工程监理乙级资质、公路工程监理乙级资质、水利水电工程监理乙级资质和人防工程监理乙级资质。

公司现有职工 500 余人。其中，国家级注册监理工程师 64 人，注册造价工程师 4 人，注册一级建造师 11 人，注册安全工程师 2 人，注册咨询工程师 2 人，具有中、高级技术职称 320 余人，其余人员经山西省建设监理协会培训合格取得了专业监理资格。

公司于 2017 年顺利通过质量管理体系认证，环境管理体系认证和职业健康管理体系认证，建立健全了一套质量、环境与职业健康安全一体化管理体系。

公司成立至今，承接各专业工程 3000 余项，对承监项目严格遵照质量方针和目标的要求进行监理。在合同履约和质量方面，均得到了各界领导和单位的肯定。所监理的项目中有获得中国建设工程鲁班奖、中国（郑州）国际园林博览会"室外展园综合奖金奖、创新奖、单项奖展园设计奖大奖、优质工程奖优秀奖"、中国（南宁）国际园林博览会室外展园"优秀展园、优秀设计展园、最佳施工展园、优秀植物配置展园、优秀园博会创新项目"、山西省建筑业协会"汾水杯"工程奖、山西省优良工程奖、山西省优质结构工程奖、山西省建筑施工安全标准化工地奖、山西省太行杯土木建筑工程大奖、山西省三晋杯建筑工程装饰奖、山西省建筑业新技术应用示范工程奖、山西省建设科技成果奖、山西省市政工程精品示范工程奖、晋中市优良工程奖、晋中市优质结构奖、晋中市安全建筑标准化优良工地奖等奖项，并且多次荣获建设单位赠予的锦旗。

公司连续多年多次被山西省建设监理协会授予"山西省先进监理企业""山西省工程建设质量管理优秀单位""山西省建设监理安全生产先进单位""晋中市先进集体"等荣誉称号，两次被山西省建设监理协会授予"三晋工程监理企业二十强"荣誉称号等。

公司多次参与社会公益活动，荣获"博爱一日捐"优秀组织奖。在 2020 年 1 月疫情暴发时，公司主动请战到第一线，参与了晋中市传染病疫情定点医院的 CT 室用房建设工程。

公司本着以"严格监理，热情服务，科学管理，技术先进，保证质量，信守合同"的宗旨，坚持以工程质量第一，业主利益第一，监理信誉第一为原则，以独立性、公正性、科学性为准则，为社会、为业主、为各行各业的工程建设做出贡献。

晋中辰兴颐郡 47 栋小高层住宅、地下车库、商业、酒店等公寓工程　　山西能源学院（筹）新校区建设工程（山西省建筑业协会汾水杯工程、山西省太行杯土木建筑工程大奖、山西省建筑安全标准化工地、山西省优质结构工程、山西能源学院综合楼新技术应用示范工程、晋中市建筑安全标准化优良工地、晋中市优质结构工程）

南环西延　　山西华澳商贸职业学院工程（山西省优良工程、山西省优质结构工程、晋中市优质结构工程）

晋中市城区公共租赁住房项目工程（山西省建筑安全标准化优良工地、山西省优质结构工程、晋中市建筑安全标准化示范项目）　　顺城街改造 E、F 区（山西省建筑安全标准化优良工地、晋中市建筑安全标准化示范项目）

晋中市科技馆、图书馆、博物馆工程（山西省建筑安全标准化优良工地、山西省优质结构工程、三晋杯建筑工程装饰奖、晋中市建筑安全标准化工地）　　晋中市龙湖殿郿商住小区工程

晋中市综合通道建设工程 PPP 项目（山西省建筑施工安全标准化示范项目、山西省市政精品示范工程、晋中市建筑安全标准化示范项目）

晋中市迎宾街东延两侧城中村改造项目锦绣园工程（山西省建筑施工安全标准化示范项目、山西省建筑业新技术应用示范工程、山西省优质结构工程、晋中市建筑安全标准化示范项目）　　潇河效果图

背景图：晋中市职业技术学院新校区工程（山西省优质结构工程）